智慧人生论

金夫 著

中国言实出版社

图书在版编目(CIP)数据

智慧人生论 / 金夫著 . -- 北京 : 中国言实出版社，
2023.3
ISBN 978-7-5171-4395-6

Ⅰ . ①智… Ⅱ . ①金… Ⅲ . ①人生哲学—通俗读物
Ⅳ . ① B821-49

中国国家版本馆 CIP 数据核字（2023）第 038332 号

智慧人生论

责任编辑：史会美
责任校对：王建玲

出版发行：中国言实出版社
　　　　　地　　址：北京市朝阳区北苑路180号加利大厦5号楼105室
　　　　　邮　　编：100101
　　　　　编辑部：北京市海淀区花园路6号院B座6层
　　　　　邮　　编：100088
　　　　　电　　话：010-64924853（总编室）　010-64924716（发行部）
　　　　　网　　址：www.zgyscbs.cn　电子邮箱：zgyscbs@263.net

经　　销：新华书店
印　　刷：北京铭传印刷有限公司
版　　次：2023年5月第1版　　2023年5月第1次印刷
规　　格：880毫米×1230毫米　1/32　8.625印张
字　　数：150千字

定　　价：78.00元
书　　号：ISBN 978-7-5171-4395-6

金夫（本名肖厚雄），1958年9月生于湖北省广水市。中共党员，高级经济师。华中科技大学管理学博士研究生、博士学位，客座教授。曾任湖北省经济管理部门总会计师、厅级领导干部，现为退休干部。

曾在大队（村）、镇、县、地区（市）、省多个层级工作过。先后在农村、工厂、军队、新闻、大学、国家行政机关担任过一定职务。

热爱学习，博览群书，特别是对哲学、法学、文学、经济学、管理学、财政学和社会学等学科的书读得更深。对名人传记、伟人著作、时事要论等书籍，研读甚精，且善于学思践悟，其见解独到有方。

善于研究，专长写作。主持、参与或独立研究的许多项目（课题），曾获得过省级、国家级的多项奖励。在《人民日报》《经济日报》等主要媒体和国家核心期刊上发表过多篇论文或专文。在省级出版社和国家级出版社出版过多部书籍。

阅透古今人自明

马国仓

人生，不论长短、富贵，也不论低微、显赫，都是一个人生存和生活一生的过程写照。人的出身，自己不可选择，但每个人的前程，自己则起着决定性作用。向好、向上、向善，是很多人的人生目标。然而，事实却是，有成、有败，有好、有坏。究其缘由，虽有客观原因千万种，但其核心还是追求人生法则不同所致。

古往今来，无数人研究过人生艺术和奋斗法则，各有所长，也各有所限。金夫先生撰写的《智慧人生论》一书，结合人一生中青年、中年、老年三个不同发展阶段，分别进行探究和论述，通过青年奋斗术、中年制胜策、老年安康论，揭示其中的规律、规则和规范，有观点，有例证，见解独到，用意深刻。真乃青年朋友创业成长好"帮手"、中年朋友制胜守成好"参谋"、老年朋友幸福安康好"伙伴"。

金夫先生历经多界，阅历丰富。20世纪中叶出生在贫困农村，因勤学好问，勇于负责，十六岁就当上大队（村）民兵连长，多次带队会战夺冠；十七岁担任大队会计，管理全村财务；十八岁先入党，后入伍。在军队期间，分别在某军分区所属部队当过战士、班长；在县武装部（团）担任过后勤管理员、政工干事；在名牌大学学习过新闻，在省级日报当过记者、编辑。转业到地方后，在地区经济部门和省级经济部门工作三十多年。在省直部门先后担任过办公室主任、总会计师、副局长等职务，技术职称是高级经济师。金夫先生是重点大学毕业的工商管理硕士，管理学博士研究生、博士，亦是两所名牌大学的兼职教授和客座教授。金夫先生酷爱读书，博览人文、自然、政治、经济、文化、军事、管理、历史等方方面面经典书籍，饱览名人传记、伟人著作、时政要论。金夫先生勤于思考，善于研究，擅长写作，曾在国家级和省级出版社出版过多部著作，在《人民日报》《经济日报》等主要媒体和国家核心期刊发表过多篇论文或专文。其研究成果和发表的文章多次获得省级和国家级的有关奖项。作为先后在村、镇、县、地区（市）、省多个层级工作过，具有农村、工厂、军队、学校、新闻、国家行政等部门工作经历的人，金夫先生异常丰富的阅历，使他成为一个有学识、有经验、有见解，亦前卫、时尚的人。《智慧人生论》一书既是其研究总结他人经验、智慧和影响的结晶，也是自己一生的感悟和历程。可谓"阅透古今人自明，历经淬炼钢自成"。

读完《智慧人生论》，即有耳目一新、豁然开朗的感觉。全书内容五大特点尤为明显。其一，视野开阔、正能量满满。上篇"青年奋斗术"，即从崇贤立志术、务实定向术、苦练三功术、智慧打拼术、青年修行术五个方面指点青年朋友如何奋斗创业。中篇"中年制胜策"，则从立业确愿策、谋局部署策、引才用将策、治事立言策、理财聚富策、为人处世策、守成创新策七个方面帮助中年朋友成就事业。下篇"老年安康论"，更以论放下非想以安心、论切割无关以安身、论静守简舍以安居、论辩证看事保神康、论勤动巧养保体康、论守德持重保行康、论老牛奋蹄为己乐、论余热暖亲为家乐、论锦上添花为社乐九个方面力助老年朋友安度晚年。全书读来观点鲜明，方法具体，智慧深邃，有很强的现实针对性和生活指导性。其二，结构严谨，视觉新颖。全书上、中、下三篇，分别与青年、中年、老年对应，并用术、策、论的体例和表现手法，将其相应的知识水平、方式方法、智慧程度，由浅入深，分层叙论，催人奋进。其三，学思践悟，充满哲理。每节的内容，都将学什么、怎么学、如何用、理何在进行高度提炼概括，同时对所述的问题进行高度抽象，并用哲学的思维、辩证的方法，将问题哲理化，将方法具体化，将复杂简单化，以利读者阅读理解。其四，简洁明快，语言流畅。是什么的知识、为什么的知识、怎么做的知识，全书仅用了十多万字，就把涉智深广、学科复杂、门类齐全的知识，阐述得十分明了通俗，并且语言生动形象，易懂好记。其五，如诗如画，感染力强。书中文字，激情四射，文似诗，意似画，章似花，篇似锦，读来让人赏心悦目，心旷神怡！读后使人热血沸腾、激情澎湃、踔厉奋发！

开卷有益，读懂生活，智慧人生。真心地向朋友们推荐《智慧人生论》这本书。亦是希望通过阅读感悟，青年朋友们在人生路上汲取经验，少走弯路，奋发有为！中年朋友们在事业发展中守正创新，不折不挠，永葆青春！老年朋友们晚年活出精彩，霞光无限，幸福安康！

2023 年 1 月 19 日于北京

目 录

CONTENTS

上篇　青年奋斗术

1

中篇　中年制胜策

第一章　立业确愿策

下篇　老年安康论

上篇

青年奋斗术

大千世界，人海茫茫。每个人就像农民手中的种子，随手一撒，有的落在了肥沃的土壤里，有的落在了贫瘠的山坡上，有的则落在了岩石上，被风吹进了石缝中。落在不同地方的人们，由此有了不同的成长历程和人生轨迹。令人惊奇的是，有的人具有得天独厚的优势，却混成了"人渣子"；有的人家贫如洗，却变成了"人尖子"；有的人身单力薄，却变成了"英雄豪杰"。纵观这些现象，缘何？其志各异，其毅强弱，其术高低也！

人类社会，大多数人的一生大概分为三个阶段。第一个阶段为青少年阶段，即三十而立阶段。人生的前三十年主要是学习阶段，从幼儿园到小学、中学、大学和立业。在这一阶段，大部分人的事业是刚刚起步，但也有少数人的事业却是峰值凸显，英名盖世。第二个阶段为中壮年阶段，即三十一到六十岁之间。许多人在这个阶段可谓是成熟人生、理想人生、成功人生，当然也有少数人是失败人生。第三个阶段为老晚年阶段，即六十一岁退休后生活，可能有二十年，也可能有四十年以上，不论多长多短，其生活方式有继续发光发热，照顾教育下一代的，有无所事事，跟随岁月变老的，也有靠打工为生的，当然还有生活和事业迎来"第二春"的。

在人生的三大阶段中，青少年时期是最为关键的，这是因为自古英雄出少年。古有"初唐四杰"骆宾王，七岁写出《咏鹅》，让后人传唱不衰；三国时期的周瑜，十多岁官至水军都督，统率千军万马；西汉名将霍去病，十九岁三征河西，二十一岁纵横漠北，杀敌无数，成不败战神；牛顿，二十三岁创"微积分"；达尔文，二十九岁提出"进化论"。今有中国共产党的创立者们，当时的年龄大都在三十岁左右，如毛泽东等人；革命战争时期，许多将军都在而立之年，如刘伯承、徐向前等人；社会主义建设时期，各大战线的英雄和典型，年龄也在二十多岁。时下，航天技术的专家和指挥大都在三十岁左右，各行各业的精英成功成名之时也多在三十岁左右，就在冬奥会的冠军中，苏翊鸣的年龄也仅有十七岁。为什么这些英雄出自少年，因为他们都有一个共同的特点，这就是"正义、勇敢、聪明"，同时具备"真诚、守信、忍耐、克己、不屈、仗义"的品质。

沧海横流，方显英雄本色。当今社会，各行各地，无不充满着激烈和残酷的竞争。地区之间争位次，行业之间争高低，企业之间争强大，人员之间争出息。而在人员之中，又分为初级职员、中级骨干、高级指挥三等。职员大多数是年轻人，且分布在各行各业，要想有所作为、出人头地，成为"人尖"或英雄豪杰，就得有审时度势的科学态度、灵活机智的竞争方法、持之以恒的坚强意志、不达目的誓不罢休的无畏气概。本篇重点是帮助广大青少年，尤其是普通的职员了解如何立志、如何定向、如何练功、如何打拼、如何修行，以利于广大青少年朋友大胆作为、善于作为、作宏大为。

第一章
崇贤立志术

　　每个人都有一个美好的梦想，要实现自己的梦想，首先就要立好志。所谓立志，就是树立自己的志愿、志向，立下心中的目标。由于不同的人出身不一样，受教育的程度不同，所处的环境各异，其志向和目标就会不一样。如有人出生在贫困农村，其志向可能是当个"高级农民"；有人出生在普通工人家庭，其志向可能是当个"小工头"；有人出生在优越的富商家庭，其志向可能是超越自己的父辈。当然也有的人不论出生在何种家庭，也有想当科学家、将军和高干的。我要说的是，不论你出生在何种家庭，都要树立远大的志向，因为任何事情都有可能的概率。那么，如何树立远大的志向，要从以下三个方面着手。

第一术　崇尚英雄豪杰，点燃心中烈焰

古今中外，世上的伟人不少，英雄豪杰更多，他们都有自己的光辉思想、优良品质和卓越成就。在符合自己的精神领域中选出一个顶尖人物，作为自己的偶像或楷模，去追赶，去超越，这样就会在心中点燃一团烈焰，以巨大的热情将人生置于时代奋进的最前沿。学习英雄豪杰，知道他们的成功故事，努力理解他们的精神世界，努力学习他们的美好品质，效仿他们在人生中干出的伟大事业，尽可能模拟他们成功的轨迹，让自己成为他们的追随者。生活中，每当看到伟大人物和英雄豪杰的美好品质在他们言行中显现时，我们就有一股仿佛被太阳照射的温暖和强大力量注入自己的身体，就会感觉到活力四射、激情万丈，就有一种去做大事的冲动。故，心中向往英雄，自有英雄气概。

第二术　学习社会精英，锚定发展目标

所谓社会精英，是有境界，有道德情操，有积极

身份的人，是在社会活动中产生的佼佼者，是对社会有卓越贡献且引领时代发展的优秀人才。各行各业都有自己的精英，如 IT 精英，美国的史蒂夫·乔布斯，他追求完美和誓不罢休的激情，使个人电脑、动画电影、音乐、移动电话、平板电脑和数字出版社六大产业发生了颠覆性的变革。作曲家聂耳二十岁才出头创作的《义勇军进行曲》（中华人民共和国国歌），每天响彻在中国的心脏北京天安门广场上空，并在众多的国内国际重大活动中奏响，激励着一代又一代的国人。还有无数的商界大佬、学界泰斗、艺界巨星，无不闪烁耀眼的光芒。作为时代的年轻人，无论身在何种岗位，都要学习他们的精神与本领，捕捉他们的闪光点，视他们的目标为自己的目标，规划好自己的发展方向和奋斗措施。当然，精英无数，己能有限，我们也不能见谁都要学，尽量做到干哪行就学哪行的精英，学以致用，学中见成。故，社会精英无数，学习应选行家。

第三术　追赶身边榜样，掌握起步技能

千丈高楼从地起，万里长征从零迈。有了远大的理想、宏伟的目标，只是有了前进的方向和动力，而

想实现就要从今天做起，从赶超身边的师傅、顶头上司做起。术业有专攻，干哪行有哪行的规律、经验和技术。在一个单位里，无论是自己的师傅，还是上司和领导，肯定在专业技能上都比自己强，要想超过他们，首先必须以他们为榜样，向他们学习，争取他们的信任，受到他们的指教。其次要刻苦操练业务本领，精益求精，稳操胜券。其三要工作抢着干，为上司争光，为单位争利，为自己增码。其四要善抓机遇，展现自我，发展自我，超越自我。其五要敢于挑战，善于应战，努力赢战。只有这样，作为年轻的普通职员，才有出人头地的基础，才能向心中的伟人、英雄豪杰、社会精英走近，才能逐步实现自己心中的梦想。故，学榜样是过程，超榜样是目的。

第二章
务实定向术

艺有百种，事有大小，路有曲直。每个人的条件不同，因此确定好自己的事业方向十分重要。所谓事业方向就是工作方向与行业岗位，是一个人适合发展的地方与职业。确定事业方向，一方面可以通过自己的目标方向与天赋专长来确定，也就是凭感觉确定。而另一方面就是要根据所处的客观条件，即天时地利人和的要素来确定。确定好自己的事业方向，有助于我们锚定事业目标坚持不懈地努力，有助于我们在动荡不安的历程中不东跑西撞，有助于我们科学规划职业的发展，使自己有限的能力集中用在可行的事业上。

那么，如何科学确定自己的事业发展方向呢？应重点抓住以下三个方面。

第四术 以志愿为导向，确定事业方向

一个人的志愿由其世界观、价值观、人生观而产生。如志愿加入中国共产党的人，是以人类解放为己任，人民利益最大化为追求，人民幸福为幸福的。共产党人的事业就是为人民服务的事业。同时为人民服务需要千行百业的人，如务工、务农、经商、从军、理政、治国，等等。那么，这就需要根据自己从小的爱好、所学的专业、崇尚的人物、热爱的岗位等方面来确立各自的事业方向。

一个人的志愿不是固有的，是会根据不同时期的教育程度和客观环境而不断修正的。如一个人从小崇尚战斗英雄而参军服役，然而，铁打的营盘流水的兵，最后转业到地方或从文、或从政、或经商、或搞科研。转业到哪里工作虽然首先要服从国家安排，但国家也是要征求个人的志愿的。那么，这个时候我们就要根据形势变化后的环境来重新确定我们的事业方向，也可以说是第二次择业。在第二次择业的选择上，我们

也是要十分慎重的。如华为总裁任正非就是一个典例。他转业后继承在部队所学的知识，同时又根据自己当时的处境选择了创业，从而成就了华为的今天。

一个人的志愿不只停留在某一层面上，而是要受实践的检验程度不断提升。如一个人开始可能想办一个生产某产品的作坊，而随着实践的成功和市场的开拓，进而就会想办一个市级、省级、国家级的先进工厂，甚至会想办一个世界级跨国集团企业。时下中外不乏此类人士，他们的事业方向是随势而调、随力而升的。故，志愿确定事业方向，事业影响志愿变化。

第五术　以能力为导向，确定事业方向

能力是指完成某一项目或任务所体现出来的综合素质。每个人的能力是不同的，这既有先天的因素，也有后天的造化，所承担的事业自然就不同。能力大概分为素质能力、经济能力和活动能力。

人的素质能力一般包括身体素质、心理素质、文化素质、抗压素质、情商素质等。身体素质好，干事就会不吃力。心理素质好，遇事就会不慌乱。文化素质好，干事就会有先进的方法。抗压素质好，就不会

被困难击垮。情商素质好，干事就会顺利高效。因此，素质能力好的人，事业方向的定位就要高；反之，就要低些。

人的经济能力是针对每一个特定时期而言的，其不同时期可能不一样。经济能力，包括现有的经济能力和潜在的经济能力。现有的经济能力包括固定资产、无形资产和现金等。潜在的经济能力包括资产的增值、营运的增值、拓展业务的增值。每个时期经济能力的大小，决定着每个人事业规模的大小。所以，我们要量体裁衣，来确定自己的事业方向和事业规模。

人的活动能力，也是人的疏通关系、排除干扰、团结队友的能力。有的人只会单打独斗，而有的人会号召大众朝着自己确定的方向披荆斩棘、排除万难、勇往直前、不胜不休。不论从事哪个行当，活动能力尤为重要。所以要自恃其能，确定自己事业的定位。

故，能力决定事业大小，事业促进能力提高。

第六术　以任务为导向，确定事业方向

在现实社会里，很多人是先就业（如打工者），后才想有自己的事业方向的，农村的青年农民大多如此，

城市里许多待业青年也是如此。即使许多大学生或普通职员也是先在某个岗位上锻炼，然后才确定自己的事业方向的。那么，这类人群大都在某一时期具有特定的任务。如建筑工人在某段时间内的任务是参与建设100栋楼。这个人开始的任务可能是砌墙，后来的任务可能是承包一栋楼的建设，最后的任务可能是担任整个100栋楼建设的项目经理。由于这个人的任务在不断地变化，那么他的事业方向可能就会随之变化。可能就会将自己的事业定在总经理、董事长的位置上，同时会将自己的任务扩大到200栋楼、300栋楼，或更高的标准上。

以任务为导向，就要在做事之前，先想好自己的目标是什么，要达成的目的是什么，然后再想着怎么去做，怎样保证其实现。确定事业方向，也就是根据自己的工作任务，来干出一个理想中的工作结果。做楼时，选择做优质工程楼、示范工程楼、获奖工程楼，甚至把楼做到全国、全球去，即是用期望值倒逼我们的作为方式。故，任务拓展事业，事业展现任务。

第三章
苦练三功术

所谓功夫，是指一个人的本领，以及做事花费的时间和精力等。通常来讲，一个人的本领大概分为三大类型，或者说是三个层次。第一本领，也叫业务能力，即某个人干什么职业所具备的相关业务技能，倘若具备了就能"干成事"。第二本领，也叫政治能力，即某个人干事的韬略、谋略，不仅能把事做好，而且能做大、做强，倘若具备这种能力就能"干大事"。第三本领，也叫自律能力，即某个人做事的定力和自我纠错校偏能力，倘若具备这种能力，就能"不出事"。第一本领是做事的基本能力，第二本领是发挥本领的高级能力，第三本领是保证第一本领、第二本领正常发挥的特殊能力。一个想有所作为、出人头地的人，就必须练好这三种本领。

第七术　精益求精，练好第一本领

第一本领是社会上所有人员的看家本领，就是你做什么事就必须掌握做这件事的基本技能。种地的人要掌握所需农具和机械的使用技能。做工的人要掌握所属工种作业的相关规程和技术。当兵的人要熟悉所有作战武器的特点和操作方法。所有行业的这些基本能力，统称为业务能力。业务能力简单地说就是解决、处理自己本岗位工作要求的能力。不同的岗位有不同的业务需求。业务能力不仅是掌握所属专业的核心技术，还包括其构架（可行性等）能力、交流（用户需求）能力、展示（操作方案）能力。

我们要做到干一行，爱一行，精一行，也就是要把本岗位的业务能力练到极致，用时代的工匠精神，用精益求精的方法，用持之以恒的态度，努力把第一本领练出最新高度。以银行前台业务岗位来说，其业务能力就必须达到：熟悉相关的金融政策法规和现有的制度规则；了解和熟悉所要营销的产品功能、特点、风险点、业务流程，以及所适应的对象；具备良好的文字功底和口头表达能力；掌握一定的营销方法和营销技巧；要有严格的纪律性，随时准备好应对一切工作；要有良好协调沟通能力和团队协作能力；要有吃苦耐劳的精神，强烈的责任感、使命感，充满热情、激情和活力；要有良好的心理素质，不仅要有信心、勇气、胆识、魄力直面任何困难，而且还要有解决各种复杂问题的智慧。只有做到这样，才能称得上是一个出色的业务能手。故，第一本领是生存之基，决定人的发展前途。

第八术　博采众长，练好第二本领

第二本领是每个人发挥本领的本领，也就是说当你会做某件事时，那么你怎么把事做得更好，把事做得更大，把事做得更长，这中间体现的就是韬略、谋略。第二本领的核心是如何将个人的意志变成他人意志，将个人目标转化成他人目标，将个人行为变成群体行为，这就是毛泽东所说的"政治"。毛泽东特别强调"政治就是把朋友搞得多多的，把敌人搞得少少

的"。朋友多了，敌人少了，干事自然顺当了。要实现
这一目标，就需要我们广泛学习别人的长处，努力掌
握更多人的长处，这样就能折服更多的人，就能受到
更多人的尊重，自然就能成为更多人中的佼佼者，甚
至成为他们的领导者。

然而，要想统领众人，就必须博采众长。博采众
长就是广泛采纳众多人的长处和各方面的优点，或吸
取各家的长处，进而形成自己的智慧。这些智慧包括：
一是如何展现自己的才华与优势，使自己的主张得到
众人的赏识与支持。一个人的才华有明显的，也有潜
在的，如果不寻求机会充分地展现出来，再多的才华
也会白白浪费掉。如果不断地展现自己的才华，还会
进一步提升和拓展自己的才华，所以展现尤为重要。
二是如何争取上司的理解与重用，使自己的想法变成
组织（团队）的决定。自己的工作主张和工作措施再
好，如果得不到领导的理解和重视只能是空想。通过
恰当的方式汇报给领导听，感染领导，打动领导，得
到其高度重视，并将自己的工作主张变成组织意志和
行为，那自己不但实现了自己的工作主张，也为整体
事业发展作出了突出贡献。三是如何排除来自各方的

干扰与阻力，使自己的计划得以顺利进行。无论是个人还是团体，干事业总免不了受到程度不同的干扰和阻力。这中间有来自内部的竞争者，有来自外部的反对者，还有来自不可预测的天灾人祸。遇到再多的困难和干扰阻力都不奇怪，关键是我们要想招排除干扰和阻力，要做到处险不惊，临危不惧，水来土掩，排除万难，去争取胜利。故，第二本领是智慧之要，决定事业的发展规模。

第九术　自鉴自律，练好第三本领

第三本领是一个人的自我鉴定和自我约束能力。生活中，一个人看到别人的优缺点容易，看到自己的优缺点往往很难，这就是人们常说的"不识庐山真面目，只缘身在此山中"。同时，一个人要求别人遵纪守法容易，要求自己遵纪守法往往也很难，这就是人们常说的"马列主义当电筒，只照别人不照自己"。一个有作为的人，就必须克服上述两种现象，做到客观自鉴、严格自律。

自鉴能力，就是一个人在一个时期、一个年度、一个阶段对自己的学习、工作和生活诸方面表现的客观总结能力，或者叫自我评价能力。自鉴的内容包括思想自我鉴定、能力自我鉴定、学习自我鉴定、工作自我鉴定、生活自我鉴定等。

自我约束能力指的是自制力、自控力、自律力的合称，其核心是没有人在现场监督的情况下，通过自我要求，变被动为主动，自觉遵循法度，管束自己的一言一行。这种能力既是传统文化的精髓，也是当今文化主流的体现。自鉴自律能力的形成，共同奠定每个人第三本领的造就。如何造就过硬的第三本领，其方法如下。

第一，做老实人，说老实话，既不妄自菲薄，也不狂妄自大。做老实人就是忠诚事实、忠诚真理。说老实话就是对组织或同志讲真话、讲实话、讲心里话。"老实"是一种科学精神、一种政治品格、一种优良作风，是为人处世的根本遵循。一个人能否长足发展、不断进步，关键是要看其对自己有无正确客观的认识，特别是对自己的各种能力、自己的工作业绩、自己的思想作风，要有清晰的认知。既不能把自己抬高，也不能把自己贬低。做人不妄自菲薄、不狂妄自大、不目中无人。只有这样我们才能做一个纯粹的人，才能取得大家的拥护，才能得到上级的信任，才能行稳致远，才能经得起历史的考验。

第二，慎独慎微，坚信守志，既不因小失大，也不自毁长城。有的人往往能在炮火连天的战场上冲锋陷阵、攻无不克，却在灯红酒绿的场所里节节败退、被克而亡。还有的人能在大江大河中乘风破浪、逐浪前行，却在"小阴沟"里迷失方向、翻船溺水。这些人之所以如此，就是没能做到初心不改、慎独慎微。所谓慎独慎微，就是在独处、独自行事时，防止自己犯错，在细微之处、小事小节上防止自己出纰漏。细节决定成败。我们不论身在何处，干哪种职业，都要牢记这一点，践行这一点，要根据自己所从事的工作，制定防微杜渐的措施，坚守自己的信念，坚持自己的志向，不懈奋斗，切记"勿以善小而不为，勿以恶小而为之"。只有这样，才能事业永固，而不至于自毁长城。

第三，勇于担当，善于担当，既敢于做事，又不胡乱做事。我们做任何事情总会有人说长道短，也会遇到许多矛盾、问题和困难，甚至还有巨大的风险和重大的失误。勇于担当就是在风险面前敢于承担，在失误面前敢于认错，不后退，不推责。这样才能背水一战，绝处逢生。这样才能在失败中总结教训，寻求对策，以励再战。然而，光敢于担当还不行，还要善于担当，即合理正确当责，科学稳妥施责，适时严格验责，不偏不离校责，使肩上的责任与所负的任务相匹配，使所作的努力与工作效率成正比。只有这样，才能使我们的第一本领、第二本领得到充分发挥，同时使自己的事业得到快速发展壮大。更重要的是赢得领导的信任和群众的拥护，促使自己过了一山再登一峰，跨过一沟再越一壑，在不断化解危机中开拓新局面。故，第三本领是定海神针，决定人和事业的成败。

第四章
智慧打拼术

　　一个人有了美好的人生志向、精准的事业方向、过硬的干事本领之后，最重要的是要有灵活有效的打拼方法。不同的人，干不同的事情，处不同的环境，其具体的打拼方法各有不同。但抽象地讲，大多数人要想出人头地，甚至成为英雄豪杰，就至少需要通过以下三种打拼方法，才能如愿以偿。

　　第十术　敢于单刀赴会，独立开疆破土

　　单刀赴会原指蜀将关羽只带一口刀和少数随从赴东吴宴会，后被赞扬一个人有谋略和胆识，敢于冒险去"开疆破土"。开疆破土本指开拓疆域和扩展领土，现泛指在不同的领域能独辟蹊径。如学术上的新观点、艺术上的新学派、技术上的新突破、军事上的新战法、商场上的新市场、管理上的新理论等。人类文明历史源远，社会资源早已既定，要发展，要改变，就必须敢于大刀阔斧。那么，如何"开疆破土"呢？从个人的打拼而言主要应从三个方面着手。

第一，利用高科技，发现新的"大漠""荒山"，大胆开发利用。

高科技有广义和狭义之分。广义的高科技是指不同行业所体现的科技含量的比重，比重越大其科技性越高。如，IT技术的科技性就有高低之分。狭义的高科技一般认为是人才密集、知识密集、技术密集、资金密集、风险密集、信息密集、产业密集、竞争性和渗透性强，对人类社会的发展和进步具有重大影响的前沿科学技术。目前国际公认的高科技领域是：生物技术、航天技术、信息技术、新能源技术、新材料技术和海洋技术等。而本文要说的就是广义和狭义的高科技手段并用，在当今世界发现新的认知界的"大漠"、社科界的"大漠"、自然界的"大漠"，寻找原野里的"荒山"、城市里的"荒山"、村落里的"荒山"。这就是说人类社会稳定发展，每一个阶段、每一个领域都会有所新发现，只是发现的人是掌握高科技和具备开拓精神的人。

当我们在某些领域有所新发现，就必须把"发现"变成"发挥"，也就是要将"新想法"变成"新优势"，再把"新优势"变成"新效益"，长此以往，循环往复，我们就会取之不尽，用之不竭。例如，以代步工具为例，我们开始是骑马代步，之后是坐马车代步，再之后是坐汽车、火车代步，最后是乘飞机、火箭、飞船代步，将来还可能乘光球代步，等等。总之，我们要努力做到发现什么，利用什么，这样就会有利于不断开天辟地、壮大自我。

第二，运用硬实力，改造旧的"特权""领域"，大胆古为今用。

一个人的硬实力是指其看得见、摸得着的物质力量，是可以证明的能力，如资产、资本、学历、技能等。当一个人具备了一定的硬实力，就不应让其闲着或浪费，而是要大胆在眼前世界里寻找突破口，攻其一处，改造一域。如，在各种管理制度上，要大胆革除或改进过去那些落后的、过时的、为特权阶层服务的陈规陋习，建立先进的、前卫的、为人民大众服务的新规良法，以利今用。再如，在各种资源和利益分配机制上，要敢于冲破既定的、单一的、片面的分配模式，建立新型的、多元的、合理的分配模式，以利今用。这种方法就是毛泽东同志所说的"我们不但善于破坏一个旧世界，我们还将善于建设一个新世界"光辉思想的运用。也就是破旧立新，古为今用，除弊兴利，他为我用，只有这样，才能使自己沐春风、享细雨、润根本、成大才。

第三，巧用软实力，归化野的"游兵散勇"，大胆为我所用。

一个人的软实力是无形的影响力，如思维能力、沟通能力、表达能力、文化修养、学习能力、团队协作能力等。软实力的运用是没有定式的，不同的人要根据自身条件和周围的环境，进行灵活巧妙的运用，才能取得实质性效果。尤其是要靠自己软实力的充分发挥，吸引和归化那些"游兵散勇"向自己靠拢，为我所用。所谓"游兵散勇"，从军事上讲，是指不成建制的单个士兵，或不在正规组织内，单独行动的个人或小股势力。从产业上讲，是指个体户、小微企业，他们虽然规模小，但各有一技之长，各有独特优势。对于这些人，就要通过自己的人格魅力去感化他们，通过自己的共赢策略去吸引他们，通过自己的大度去包容他们，通过自己的魄力去号召他们，通过自己的光环去囊括他们。只有这样，他们才会心悦诚服，听其指挥，为其效力，共创大业。故，开疆破土艰又难，方法得当如破竹。

第十一术　善于联姻结盟，共同开辟世界

联姻结盟自古有之，古代多指君王之间联姻，共同缔结友好盟约，互不侵犯，互相支持，共御外敌，共同强盛。今多指强强联合、优势互补、联动营运、风险共担、利益共享。如，同类企业之间的结盟、上下游企业之间的结盟、异业企业之间的结盟等。联姻是方式，结盟是形式，目的是共赢。找谁联姻，怎样结盟，如何共赢，这中间有很深的学问和智慧。在此，只讲如下三法。

第一，找兴趣和理想共同的人联姻，巩固壮大自己的实力。在各自事业或岗位的奋斗中，都会发现和

结交一些与自己兴趣相投、理想与共的人。所谓共同兴趣是指在我们的朋友或同事中，有或注意培养共同的兴趣爱好，就能使双方感情更加融洽，交流起来更加和谐。如果我们能在事业上找到这样的人，与其"联姻"，那将会使自己干事业的心情更加愉悦，干事业的氛围更加优越，干事业的效率会更加提高，干事业的"本钱"也会大大增强。所谓共同理想是指在同一个时期，不同的人虽性格特长各异，但都有同一个奋斗目标。在事业上若能把这样的人团结在一起，各抒己见，各尽所能，取长补短，在共同奋斗的过程中，相互配合，相互成全，也能大大增强各自的实力。

人海茫茫，知己难得。如何寻找与自己兴趣和理想相同的人呢？一是要大胆将自己的兴趣、主张和目标展现出来，让更多的人了解。二是要善于发现和归集与自己兴趣、主张和目标相同的人。三是要努力影响和争取与自己兴趣、主张目标相近的人。在朋友和同事中，要相互尊重、相互诱导、相互学习、相互取悦，才能吸引更多的人，巩固壮大自己的实力。

第二，找条件和利益共同的人结盟，做强做大自己的规模。作为职场人员，所说的条件相同就是自己与一个或多个人的大多数条件相同，如人员素质、经济实力、经营项目、市场份额，等等，而且大多数为同行。所谓利益相同，是指一个人与另一个人或多个人的基本条件可能相同，而更多的是不相同，特别是其类型和层次均不同，也就是通常所说的不同行。找条件和利益相同的人结盟，就是为了更大可能提升规模效应、扩大自己的市场占有率、提高信息和资源共享度而组成利益共同体，这就是大家通常所说的结盟。

结盟的方式有三种。第一种是与"敌人"共枕，就是与有共同目标的竞争对手合作，也就是联合次要敌人打击主要敌人。第二种是共同营销，包括产品定价、广告促销、研发升级等。第三种是相互促销，即将两个厂商结合在一起，制作一个共同的促销活动，如早餐、麦片与果汁联合在一起，告诉消费者吃早餐、喝果汁时可搭配即食麦片，这样就一举三得了。结盟的好处有多种：可以绝对的优势抗衡竞争对手；可以廉价学到联盟者的先进技术和管理经验；可以减少结盟企业之间的各种费用；可以增强结盟者之间无形资产的利用；可以扩大客户资源，培养客户的忠诚度；等等。寻找和争取合适的人与自己结盟，关键要做到四点。一要以诚相待，让对方觉得可以信赖。二要善于发现别人的优势与己合作的契合点。三要共战共赢，不能只让别人冲而自己只享利。四要给结盟者合适的地位和权益。只有这样，才能找到更多的人与自己结盟，实现强强联合，把事业做大。

第三，找荣辱与共和生死攸关的人联合，夯牢垒固自己的发展根基。所谓荣辱与共的人，就是在事业上有着千丝万缕的联系，而且一荣俱荣，一损俱损。所谓生死攸关的人，就是在事业上有着唇齿相依的关系，而且彼死此亡、彼兴此盛。这两种就如：夫妻两人，夫贵妻荣、夫孬妻贱；同壕战友，胜共生、败共死；上下游企业，上枯下竭、上丰下沛。在现实生活中，无论是自然人，还是法人，无论是普通职员，还是大企业家，做人和做事都会遇到这种情况。处理这种情况要用辩证的方法。当危机到来时，我们找生死攸关的人联合起来，克服消极思想，树立必胜信心，杀出血路，变被动为主动，就会赢得新生，开拓新局。当平安无事时，我们要居安思危，防患于未然，把事情想细想复杂些，把对策做精做实，一旦事情突发，就会从容应对，永保安全，守必固，攻必克。

要做到上述这些，就必须把握如下三点。一要练出一双火眼金睛，厘清哪个人、哪个企业跟自己是命运共同体。不能把朋友当成了敌人，更不能把敌人当成了朋友，否则会内部生乱。二要树立全胜大胜的信心，不能小胜即安、小富即满，要筑起打大仗、获全胜的钢铁长城，否则难当大任。三要历练良好的心理素质，能处变不乱、处险不惊，能急中生智、化险为夷，否则就会弄巧成拙。

上述三大谋略，找兴趣和理想共同的人联姻，找条件和利益共同的人结盟，找荣辱与共和生死攸关的人联合，既可单独运用，也可综合运用，要因人而宜、因时而宜、因地而宜。时势造英雄，英雄创时代，时代领世界。故，联姻结盟加联合，事业恢宏道路阔。

第十二术　勇于自我革命，提升事业时空

作为一个人来讲，自我革命就是自我净化、自我完善、自我革新、自我提高，使第一本领、第二本领、第三本领同时提升，使自己的事业得到更大拓展，同时使自己的人格由"小我"变成"大我"，对社会的贡献和影响也与日俱增。自我革命是对有所作为的人而

言的，大到一个政党的领袖，小到一个普通职员，要想为国家和社会做一番积极而长久的事业，就必须不断进行自我革命。在此，重点谈的是作为一个职员，或者是一个具有一定地位和实力且年轻的掌舵人，应怎样开展自我革命。

第一，勇于革除故步自封的弊端，追求时代的进步事业。一个人往往事业有所成就，就会满足现状，不思进取，甚至墨守成规、抱残守缺、因循守旧，这就是人们常说的故步自封现象。故步自封的弊端很多、危害很大。在思想上若不能与时俱进，其言行就会与社会格格不入。在作为方式上若不能"对症下药"，其结果就会事与愿违。在事业发展上若不能随风逐浪，就不能安全到达彼岸，甚至还会翻船葬海。所以，克服故步自封十分重要。如何克服，其法有三。

一要开门纳谏，广泛听取众人的意见。我们做重大事情时，要在听取亲朋好友意见的基础上，多听些高人的意见和主张，尤其是多听敢于指出和批评自己不足的人的意见。要对不同的意见进行科学分析，取其精华，去其糟粕，继而形成科学理念、先进思想、独特体系，以统驭自己的发展方向。

　　二要博采众长，充分吸纳精英的优势。各行各业，能兵强将，各有各的长处和优势，但长处和优势都是暂时的，会随着形势的变化而变化，还有的会随着重大时变或事变而向相反的方向转化。这就要求我们既要善于利用今天的各方之长、既定之优，也要善于发现和利用明天的各方之长、潜在之优。只有这样，我们的作为方式才不会落伍。

　　三要深谋远虑，确保航船勇立潮头。一个人的事业往往会因环境的变化而受到影响，因体制的变化而受到颠覆，遇到天灾人祸而遭到毁灭。这就是人们常说的惊涛骇浪。然而，我们要成为有胆之人，有识之士，在大风大浪中，自有所预、自有所能、自有所向，敢于驾驭事业的大帆，乘风破浪，勇立在时代的潮头，到达理想的彼岸。

　　第二，勇于放弃眼前的蝇头小利，追求长远的宏图大业。现实生活中，绝大多数人都爱财惜利，不乱花钱，不随便丢掉现成的利益。但作为一个有远大理想的人就应该审时度势，当眼前的微小利益与长远的重大利益相悖时，就应勇于放弃眼前的微小利益，或者是大而短的利益。这也是一种自我革命的勇气，特别是遇到如下三种情形时要大胆抉择。

其一，对己有利，而对他人危害大的事要勇于放弃。例如，各种垄断经营行为，虽然自己每天都赚得盆满钵满，但它是建立在他人甚至大多数人的利益遭受重大损失的情况下获得的。就像"电商垄断平台"，将某种或某类商品，用垄断的手段全部独霸自己经营，虽然利益丰厚，但忽视了其他人的合理竞争，剥夺了许多人的应有利益和生存空间。这就需要及时消除垄断，放弃独霸地位，让其良性竞争，各得其所。

其二，对己有利，而损害人格国格的事要勇于放弃。古往今来，损人利己、豪取强夺、坑蒙拐骗、数典忘祖、卖国求荣等败类大有人在，但其结局没有一个好下场。我们做人做事，无论有多大的利益诱惑，都要慎终如始，做到利己不损人，爱财不缺德，求荣不卖国，反之，一切皆应放弃。

其三，对今有利，而对子孙后代有伤害的事要勇于放弃。要对杀鸡取卵、竭泽而渔、今朝有酒今朝醉等现象说不，如，污染环境开作坊、破坏生态搞旅游、盲目举债搞建设、借钱贷款高消费等行为，是不少人的生活态度和生存法则。然而，要做大事、成大业的人，就必须对这些行为大胆说"不"，自觉做到为子孙着想，为千秋万代造福。放弃眼前不适之利，谋取将来有利于人类发展的宏图大业，只有这样才能从中获得更大更长久的利益。

第三，勇于跳出"地球人"的禁锢，追求"宇宙人"的梦想事业。所谓"地球人"是指生活在太阳系中第三颗行星（地球）上的有智慧的人类。"地球人"虽然有思想、有智慧，但他都是站在地球的角度上，局限在一定时空内的所思、所想、所为。所发现的"真理"在地球上是真理，而离开地球到了太空就不一定是真理。如"重力向下"定律在地球上是绝对的真理，而在太空就不一定是真理。因为太空中没有地球的引力，就不存在"重力向下"了，任何物体在太空中都可以不受控制地向任何方向随意移动。所谓"宇宙人"是指包括"地球人"在内，也包括大气层以外天空之上的"太空人"，如"宇航员"，或者生活在地球以外其他球体的人们。"宇宙人"既有"地球人"一部分的属性与思维和智慧，也有高于远于"地球人"的思维和智慧。因为"宇宙人"跳出了地球，是从不同的角度、不同的环境、不同的目标，来观察事物，分析问题，研究命题。如我国空间站上的航天员们，他们在太空的所闻、所见、所想、所思，以及他们的"太空讲座"内容，就远超过了"地球人"的视野和感知。那么，时代在不断进步，事业在飞速发展，要想适应形势需要，就必须跳出"地球人"的禁锢，穿云拨雾，寻问九天，探寻新真理，构筑新梦想，拓展新事业。如何跳出地球，揽月问天，其道有三。

一是借"飞船"巡天，开阔视野。每个人的资源和能力是有限的，有智慧的人干事就会充分利用别人的资源。借"飞船"巡天，就是我们借用一些思想家、战略家、科学家的高超智慧和远见卓识，来为我所用。如，将他们请进来"讲座"，请进来给自己或企业"把脉"，请进来指导自己选准事业的革新方向，以开阔自己的视野，坚定自己的改革信心。

二是造"飞船"探天，构筑梦想。当一个人在事业上有了一定"气候"，就要打造自己的智慧团队。造"飞船"探天，就是我们要聘请自己的"谋士"，建立自己的研究所、参事团、实验室、试验田和空间站。以探寻深空奥秘，掌握核心技术，构建新事业蓝图，完善新征程梦想。

　　三是用"卫星"布天，成就大业。开阔的视野和美好梦想是干新事业的基础，但成就大业的核心是真抓实干。用"卫星"布天，就是用过硬的实力和务实的态度科学布局、神器参战、循序渐进、逐一实现。如我国的北斗卫星网、空间站等天空、深空技术体系的布局、建造和应用，就是这一思路和方案的体现。

　　总之，球外有球，人上有人，宇宙不灭，业无穷尽。只有我们勇于自我革命，不断提升事业时空，才能永远立于不败之地，实现更大辉煌。故，只有超越自我，才能超越时空。

第五章
青年修行术

所谓修行就是修养德行,即美好的品行和优良的操行。社会上的人谁都离不开这个过程,尤其是身处不同岗位的青年朋友们、声名显赫的成功人士,更要注重修德养性。这是因为,当一个人成名了就容易狂妄自大,不重小节,甚至会野性膨胀,为所欲为,最终会身败名裂。还因为当一个人位高权重,受到"围猎"的概率就会更大,若不小心就会被明枪暗箭射中。即使是普通职员,当你在埋头干活、努力出人头地时,若不抬头看路就会被心术不正的人带到"沟里"爬不起来。不论什么人,只有修行好,行得正,才能走得远，担大任，干大事。修行是多方面的，从职场人员来讲，修行重在三个方面。

第十三术　敬党爱国，把自己的事业与党和人民的事业结合在一起

在当代中国，中国共产党是一切事业的领导核心，也是一切事业的擘画者。国家是一切事业的载体，也是一切事业的保障和保护者。因此，每个人的事业无论大小都要把党的意图和方向看清楚，同时要把国家的政策和规划看清楚，还要把人民群众的迫切需求看清楚，然后把自己的事业与党的意图方向、国家的政策规划、人民群众的迫切需求紧密地结合在一起。只有这样，个人的事业才能顺风顺水、如鱼得水、风生水起。那么，当我们的事业获得成功时，我们必须感恩戴德，自觉敬党爱国。

第一，自觉做到听党话、跟党走、护党威。党在每个时期既有大政方针，也会在每个阶段、每项重大活动中有具体的指导意见和工作举措。所谓听党话就要把党的意见和举措当成自己事业的自觉行动。所谓跟党走就是紧跟党在每个阶段的工作布局和步骤，严

格按要求逐一落实到位。所谓护党威就是自己努力为党争光，特别是遇到损害党的利益的言行，要勇于站出来维护党的威信。

第二，自觉做到分国忧、赴国难、报国恩。国家在不同的时期有不同的问题，不同的地区有不同的困难，偶尔还会发生重大灾难。我们每个人都是由国家培养才成才，有国家的保障和支持才成事。当国家有难时，我们就要有感恩之心，尽力尽智尽财为国家分忧解难。只有国家的困难解决了，自己的小难才能迎刃而解，自己的事业才能更上一层楼。

第三，自觉做到让民利、惠民生、兴民业。人民大众既是推动一切事物发展的动力，也是一切事物发展的落脚点。所以，我们要视民如山，重民如父，爱民如子。我们事业的发展靠大众推动，我们事业发展的目的是惠及民生。所以，在我们的一切作为中，就是要尽力把最大的利益让给民众，把最紧缺的资源用在惠及民生，把最急建的工程建在服务人民的大业上。

做到了上述三点，才称得上党的好儿女、国家的好栋梁、人民的大功臣，才能宁静致远，再展宏图。

故，只有敬党爱国为民，才能事顺业大人强。

第十四术　孝老爱亲，把自己的幸福 与家人和至亲的幸福联系在一起

一个人事业的成功，往往不等于完全幸福，而一家人的幸福，乃至绝大多数至亲的幸福才算幸福。这是因为大家是同一条藤上的瓜。藤根营养肥沃，藤子才能粗壮叶茂，瓜果才能丰硕。在同一条藤上结出的瓜果，不应该有苦有甜，有大有小，若有，就是不正常或不美满的。一家人夫妻恩爱、敬老爱幼、至亲互助，才能其乐融融、幸福长久。否则，就会各怀鬼胎，相互算计，身心疲惫，土崩瓦解。如何做到敬老爱亲，重点有三。

第一，让长辈老有所依、老有所乐、老有所享。一个人无论事业多成功，地位多高，财富多大，都要尊重长辈。尤其是自己的父母、爷奶，要知道他们的所思、所盼、所需。让长辈们老有所依，对他们的衣、食、住、行和就医等基本需求要充分保障。让长辈们老有所乐，支持他们做爱做的事，玩爱玩的乐，说想说的话，看想看的人，充分保障他们的自由和权益。

让长辈们老有所享，充分享有家庭大事的知情权、处理重大事情的建议权、维护家庭稳定和荣誉的指导权，还有对天伦之乐的享受权。只有做到这些，才能算真正尊重尊敬长辈，才能得到他们的正能量支持，才能使自己放心干事。

第二，让妻（夫）儿心有所爱、体有所抚、业有所帮。妻（夫）儿是人生相伴最长、命运相依最紧、利益相关最重的人。所以妻（夫）儿的和谐决定着人生的完美与幸福。要努力让妻（夫）儿心有所爱，让他们始终觉得你是爱他们的，知其思，尽其力，满其愿。要倾心让妻（夫）儿体有所抚，当他们体力不支时，能扶其一把；当他们受到打击时，能助其一力；当他们因病致困时，能相伴相救。要尽力让妻（夫）儿业有所成，虽是一家人，但各有各的事业，各有各的障碍，我们要视其情、支其招、尽其力、扫其障，使他们的正常事业得到发展，正当利益得到保护。只有这样才能使我们自己的精力更集中，干事的心情更愉悦，干事的效率更高升。

第三，让亲戚情有所系、难有所解、喜有所共。亲戚是所有人绕不开的社会关系，尤其是姑、舅、姨、表、叔、伯、侄，都与自己血脉相连，理应命运与共，相互帮衬。当然，除非另类，违法作歹者例外。一个人不论自己的事业如何，对待亲戚的正确态度应该是：让亲戚间情有所系，就是大家在一起都有亲近感，都能时常想到对方的荣辱、安危。亲戚间当一人有困难时，大家要主动解囊相助，帮其渡过难关。亲戚间有喜事时，大家要同喜同贺，以增强其荣誉感和自豪感。尤其是在事业上有所成就的人，更不能以各种理由，淡化亲缘关系，逃避亲人义务，更不能厌穷欺弱。只有这样，一个人才能与亲戚们和谐相处，美美与共。

故，只有敬老爱亲帮戚，才能心宽体康情浓。

第十五术　忠朋友善，把自己的前程 与志同道合者的前程关联在一起

所谓忠朋，就是忠诚自己的心灵朋友，即虽不共事，但言行一致的人，同时忠诚身边的同事、战友、同志等。所谓友善，就是友好处理与非朋友或同行，但有其善举之人的关系。简而言之，忠朋友善就是团结好与自己志同道合的人。中国共产党如果不是能团结千千万万志同道合的人一起奋斗，就不可能打下江

山、建成国家、造福人民。电视剧《爱拼会赢》里的高海生，若不是能忠朋友善，就不可能把事业从无做到有、从小做到大、从大做到强，把人生从苦奔到甜、从甜奔到亮、从亮奔到牛，他多次跌倒，但都能站起来，成就辉煌。高海生虽然是电视剧里的人物，但他也是当今中国千千万万优秀青年的写照和缩影，他是干事的强手，也是做人的智者，更是有志成事者的典范。那么，如何做到忠朋友善？其法有三。

第一，信守朋友的承诺，人生路上且行且珍惜。人生之路很漫长，每个时段都会遇到不同的知心朋友。朋友是没有血缘关系而十分友好的人，是人际关系圈中很重要的对象。朋友是有困难的时候能出来拉你一把的人，是你有烦恼时能耐心听你诉说所有心事的人，是你人生得意时能真心为你高兴的人，是你走错路的时候能给你引路的人。朋友是一生的财富，而财富不是一生的朋友。自然，朋友是相互的，不能总是一方付出，朋友之间往往会有一些承诺，无论是情感的、财富的，还是事业的，相互承诺了，就要尽量兑现，即使能力有限也要尽力而为。朋友之间只有相互信守其承诺，才能且行且珍惜，越走越紧密。否则，就会口是心非、南辕北辙、分道扬镳。所以，一个想成大事的人，就必须把兑现朋友的承诺视为重德。

第二，忠诚同志的事业，奋斗途中同拼同享受。同志是我们为共同理想和事业而奋斗的人。同志不同于朋友。朋友之间可以无话不说，而同志之间说话要讲原则、讲分寸。朋友之间可以有不同的理想，而同志之间只有共同的理想。朋友之间可以干不同的事业，而同志之间主要是干共同的事业。事业在不同的环境和时段，有不同的艰难和险阻，同志之间在事业奋斗的过程中，必须同心同德、步调一致、齐心协力，自觉做到遇险阻同拼搏，需取舍互成全，有成功同享受。因为同志之间干的是共同的事业，所以必须相互忠诚，工作上有问题要开诚布公地讲出来，以共同解决。思想上有隔阂要及时摆在桌面交流，以共同消除。利益上有冲突，要顾全大局，以兴利除弊。只有这样，每个同志才能在奋斗过程中获得正能量，增长真本领，干出大事业。

第三，支持凡人的善举，修行过程积德积人脉。所谓凡人就是普通的人，然而在他们中间有许多善举，做出了对他人对社会有益的事、充满正能量的事、值得敬仰的事。任何事物都是辩证的。一方面，大家都是凡人，但一旦对社会作出卓越贡献就变成了非凡的人。另一方面，非凡的人若没有善举，或不支持凡人的善举，在老百姓眼里往往还不如凡人。所以，我们支持凡人善举，是修行过程中既积德，又积人脉的事情，必须而为之，多多而为之。这是因为厚德载物，德厚必雄。支持凡人善举，要防止三个弊端。

其一，勿以善小而不为。善举虽有多少之分，但不应有大小之分。比如，当一个人饥渴得快死的时候，你给他一杯水、一碗饭就能救其一命，这也是大德大恩。古有"救人一命，胜造七级浮屠"之说，今有"宁肯少建一座城，也不落下一个贫困人"之举。所以，施善或支持行善，不能只看大小，要看急需而为。

其二，勿以善举而作秀。行善积德，一定要真诚而为，不能沽名钓誉，不能借此作秀，更不能借此谋利。如，有人设局"救人"，但要别人给他送锦旗；有人捐款"助学"，但要学校聘他为教授；有人投资造"养老院"，但要当地划地给他搞房地产开发；等等。所以，无论个人行善，还是支持别人行善，都要发自内心，切忌装模作样，弄巧成拙。

其三，勿将善举施错人。善举是施给那些确实需要帮助或救助的人。然而，现实社会中有很多装穷、装病、装残的人，有的人甚至逼他人致残为自己骗钱骗物，有的人不择手段制造灾祸以达到骗钱骗物的目的。我们施善或帮善时要擦亮眼睛，不要被不良的坏人所蒙蔽，帮不该帮的人，使善举不仅没有发挥其正效应，反而助长了骗行善人的恶行，还让自己贻笑大方。

总之，美好的前程需要更多的志同道合者与之奋斗，只要我们把朋友巩固得牢牢的，把同志团结得紧紧的，把普通百姓吸引的多多的，我们的亲和力、号召力、决胜力才能大大的，我们的宏图、愿景、梦想才能满满的。这就是我们的修行之要、修行之妙、修行之好。故，青年奋斗百事好，修行做人最重要。

中篇

中年制胜策

人到中年，是否成功和富贵，不仅仅是看其财富有多少，关键是看其人生阅历有多丰富、综合实力有多雄厚、人生品格有多高尚。而人生中展现这些优势的最佳年龄段大多数人是处在中年时期，即三十一岁至六十岁之间。这一现象是由人的生命周期和事业周期决定的。当然，也有少年早成和大器晚成的佼佼者。

事业是中年人生的重要组成部分，事业的成功是人生成功的重要基础和重大支柱。一个人如果没有自己热爱的事业，也就没有精神上的追求、奋斗中的平台、生活中的活力。事业是人生精彩之光，事业是人生存在之要。

要保证事业始终处于不败之地，这中间有很深的学问，有高超的策略，有娴熟的技巧。本人通过广泛研究一些成功人士的奋斗轨迹、成功诀窍和企业文化，结合自己的奋斗体会，总结了一些常规性的制胜策略，以及一些在特定环境下的特殊制胜方法，简称中年（事业）制胜策，现贡献出来与广大读者朋友分享。

第一章
立业确愿策

　　所谓立业，就是一个人建立了自己的事业，或者建树了一定的功业。所谓确愿，就是一个人志气和心愿的确立。志愿往往分主要志愿和次要志愿。如同高考后填报入学志愿一样，分第一、第二、第三志愿来选择学校。也同竞聘时报重要岗位、次要岗位。中年伊始，既是而立之要，也是践愿之初，因此，科学立业确愿对一生而言十分重要，也是奠定成功人生的关键之举。这与青年时期的事业定向既有相同之处，也有不同之处。相同的是，都是在不断寻求事业的稳定性。不同的是，中年立业确愿是在青年奋斗有为的基础上，进一步优化事业方向。那么，如何立业确愿？
其法有三。

第一策　重前顾后，跳跃摘桃立业

重前顾后，就是重视前面已经奠定的事业基础，
兼顾以后事业的发展空间，用跳起来摘桃子（即跳起
来可用手摘到桃子）的方式，来确定自己的事业方向
和位置。这是因为而立之年大多数人的事业都基本有
个定位，同时具有一定的事业规模和从事能力，重视
在这个基础上进一步提升是最捷径的，也是效率最高
的。但同时也要看到，如果只是局限于以前的事业规
模，没有用发展的观点来考虑以后的变化也是不科学
的，甚至会被时代洪流淘汰掉。考虑以后事业的发展
也要科学，就是设定的事业目标通过最大努力是可及
的，如果尽最大努力也实现不了的目标最好就不要确
定，待形势发展到一定程度再酌定。怎么跳跃摘桃，
其法如下。

其一，合理规划"桃园"，以利分期开发。每个人
的事业就是自己的一座"桃园"，事业规划如同桃园建
设。要养好现有的桃树，开垦未来的桃园。未来的桃

园开垦到多大、往哪个方向开垦、开垦成什么类型的
桃园，要有合理的规划。要有战略眼光，采取循序渐
进的方式，做到开垦一片、储备一片、成熟一片、丰
产一片，保证年年有桃摘。

其二，选择优良"树苗"，以利优质高产。一个人
的事业犹如园艺师耕作，桃园虽好，树苗不优良也不
行，也就是事业的平台有了，在平台里干哪些项目十
分重要。挑选项目如挑选"树苗"一样，一定要挑选
适宜自己桃园气候、环境、土壤等要素的优良树苗，
这样事业的每个项目才能根深叶茂、苗壮成长、果实
丰硕，做到年年有好桃摘。

其三，建立保鲜"中心"，以利桃鲜市旺。桃子是
时令产品，不可能四季皆鲜，若要常年有鲜桃吃，就
要建立保鲜中心。人的事业也有生命周期，若要保证
事业永驻青春，也要建立事业的"保鲜中心"。即：建
立学习中心，使思想吐故纳新；建立技术中心，使设
备领先创新；建立体改中心，使管理前卫崭新；建立
资源中心，使市场常开常新。只有这样，才能保证事
业鲜如蜜桃，常吃常鲜。

故，跳跃摘桃桃更鲜，超前立业业更旺。重前顾

后快速进，步步为营定能赢。

第二策　突优保稳，一箭双雕确愿

所谓突优就是要突出我们事业中已经凸显的优势，来选择事业中的主要志愿，保稳就是保住事业在发展过程不受到重大威胁，确保平稳运行的底线。那么，如果我们在确定事业愿景时，既能突出已有的优势，也能确保运行底线，使事业稳中求进、稳中快进，这就是一箭双雕的效果，或者说一箭多雕的效果。确愿，就是确定我们心中事业的最终愿望，也是确定我们事业在不同时期，或者近期、中期、长期的愿景，也可称为年度工作目标，五年工作目标，十年工作目标，或者更长的工作目标。我们在确愿时每年要有一个主要工作目标，以及诸多的次要目标。比如房地产企业，每年应主要考虑做多少套商品房，其次再考虑做多少条路、多少个公园、多少个超市和影院等。这是因为，如果商品房做不起来，没有业主进驻，做其他配套设施便没有用。同时，如果只做商品房，不做其他的配套设施，商品房也卖不出去。二者是相辅相成的，但主要的还是要先把商品房做起来，这就是突优保稳、突主顾次的道理。如何做到突优保稳，一箭双雕确愿？其法如下。

其一，将优势项目规划在优先地位上，以实现优生优长。事业愿景是靠科学的规划来实现的，规划科学，愿景就会逐步实现；规划紊乱，愿景就不可能实现。把优秀项目规划在事业的优先地位上，并给予其优先扶持，就会使其优生优长，优长优收。如，自己是稻田养虾能手，就应该把种植优质的稻谷放在首位进行运作，再把养虾作为重要项目进行运作，就会稻虾双丰收。不能顾此失彼，只重种稻而把虾弄死了，或者只顾养虾而把稻谷弄死了。要统一规划、综合运作、相得益彰、双双优生优长，这才是高招。

其二，将潜在项目规划在适当地位上，以实现雨润苗壮。潜在项目是当期没有优势，但后期肯定有优势的项目。在做发展规划时就要根据此项目的预期优势进行配套扶持，确保其优势正常发挥出来。假如你是一家菜牛养殖企业，小牛从出生到上市大都需要两年时间，若要保证每年都有菜牛出栏，就必须按批次购进幼崽，使不同时期都有牛出栏。同时还要按照牛的生长规律进行喂养，确保出栏时膘肥体壮。农作物亦是如此，雨润苗壮，春华秋实，因时因地制宜，才能四季丰收。

其三，将希望项目规划在党和国家的蓝图上，以实现国盛己昌。所谓希望项目就是在自己事业发展的过程中，要将党指引的发展方向和国家的发展规划有机地结合起来，从中发现新项目、培育新项目、建设新项目。这样既为国家的宏观经济发展作出了贡献，同时也创造了自己的发展机遇，收获了发展的红利。例如，对于时下的绿色经济发展、乡村振兴工程等项目，我们要捕捉机遇，抢抓项目，在干中为国出力，在干中壮大自己。

故，一箭双雕抓机遇，层出不穷涌项目。突优保稳事业壮，紧跟国家肯定强。

第三策　边干边改，多维校偏保正

干事业大概有两种情形。一种是先设计好再干事，也称"顶层设计"，就是经过严密论证和科学规划后，再付诸实施。这种方式适合国家的重大事业和项目。另一种则是先有一个初步设计，边干边完善，保证其项目安全成功。这种方式适合一般事业和项目。作为社会中的普通一员，事业规划和项目选择往往难以准确预测未来，或者说有些项目来不及细想就必须干。这中间有国家政策和规划的调整变化，有自然环境的影响，还有内部因素的变化等。所以，大多数人在事业规划上应选择边干边改的方式，这样不至于失去机遇，不浪费时间，不浪费资源，有利成事。如何边干边改？其法如下。

其一，以国家的宏观政策为准线校偏，保证事业符合国家利益。国家的宏观政策分为短期、中期和长期，当我们的事业或项目与之相一致时就会产生正能量和正效益，反之，就会产生负能量和负效益。一般而言，国家的宏观政策是比较稳定的，但也有受特殊情形影响而不稳定，或不断调整的。如国家的信贷政策、房地产政策等，都是受环境变化的影响而不断调整的。那我们个人的事业方向和目标则应该与之相匹配，进行灵活的调整。调整时要以国家宏观政策为准线。国家放宽，我们则以宽作为，国家收紧，我们则以紧作为。只有这样，国家的宏观政策调控才能见到成效，而个人的事业才能顺利成功，不断发展。

其二，以各种质量技术标准为准线校偏，保证事业安全长久。干事业，搞项目，都涉及一定的行业规范、技术标准、质量体系，这些都是干事者的基本遵循，也是保证事业或项目成功的"红线"，守则成，违则败。然而，这些标准体系是在不断变化的，也是在不断规范和趋同的。例如，环保技术标准就是在不断变化的，有一个先松后严的变化，还有一个逐步与国际标准接轨的变化。假如我们的事业和项目涉及环保技术标准和整个体系的变化，我们就要以这个"红线"为准线来校正以前事业或项目中的偏差，使其保持一致，甚至更高一些，以利长远发展。更重要的是要保证事业的安全，不出现污染和事故等问题，使其健康发展。

其三，以经济社会多重效率兼顾为准线校偏，保证事业充满活力。经济效益与社会效益理应成正比，但有时也成反比。也就是经济效益上去了而社会效益下来了，或者是社会效益上去了而经济效益下来了。出现这两种情形都是不可取的，我们要兼顾这两种效益同时协调增长，并自觉将其视为事业操守的准线。比如我们在提高智能化生产的同时，也应考虑到社会劳动者就业的需要，一概搞智能化而使大多人员失业是不可取的，当然技术密集型行业另当别论。还有发展平台规模经济，也要考虑到小商小贩者的生存空间，还要兼顾商场文化的塑造和正能量传承。只有通盘考虑，兼顾各方利益，特别是党和国家要求扶持对象的利益，才能既发展好自己，也造福于社会，才能赢得各方支持，使事业充满活力，蓬勃发展。

故，时事变化多无常，多维校偏方能正。边干边改是常态，力求共赢是上策。

第二章
谋局部署策

　　所谓谋局部署就是谋取竞争态势和形势向有利于我的方向发展的活动。善于谋局的高手，一般善于从全局看问题，从长远看问题，从本质看问题，也就是能把问题看高、看远、看深、看透，进而识局、谋局、布局、做局、破局、控局，以成就自己的格局。

　　谋局分为三个层次，即谋事局、谋人局、谋天局。初级为谋事局，就是指做事的格局，不能就着事情做事情，而是要就这件事的前后联系上升到一定格局上来做事。中级为谋人局，就是关联到人的格局，也就是在没事的时候也要注意搞好一些人的关系，当有事的时候这些人会发挥很大的作用。高级为谋天局，就是天道使然，按照自然规律办事，天局也就是社会总趋势的反映，如行业趋势，地域发展趋势，等等。总之，局是一种思维，凡天下万物，皆为我所用，如何为我所用就是谋局的过程。部署就是把所谋划好的局细化安排到一定的位置、岗位和有关环节上，以保证其局的实现。那么，如何谋局部署？有如下三策。

第四策　酌全揣利，通盘胜算谋局

所谓局，就是竞争者各方在一定时间、一定区域内形成的态势和形势，也称为局势。如，棋局、饭局、战局等。如果我们想要赢一盘棋、打胜一场仗，首先就要进行谋局，使一切态势和形势向着有利于自己的方向发展，为最终取胜创造条件。在谋局的过程中，酌全就是从事物的全方位考虑，即有利因素、不利因素、可转化因素，表面的情形、背后的情形、可变化的情形，上面的问题、中间的问题、下面的问题，精神的问题、物质的问题、精神与物质互换的问题等方面都要纳入统一研判。揣利就是从事物的利弊两方面进行深入分析，看其是利大于弊，还是弊大于利，或者是近期弊大于利，长远利大于弊。通过酌全揣利的严密论证，确有胜算把握才能进行具体的谋局活动。具体方法如下。

其一，清醒识局，严密做局。识局就是能清醒看清看透事物的现象与本质，找出其规律性或方法。做局就是对已看清的局势，采取有利于我的各种引导措施，使其向着预期的目标和方向发展。例如，我们要在一座大山谷修一道拦水坝，造一座发电站。首先，我们应该搞清该地的地理和气候，年降雨量及季节分布，以及水流的走向，蓄水池的最佳位置等，然后决定修拦水坝的位置，这个过程就是识局。其次，开始修筑拦水坝，开挖引水渠，开凿泄洪道等工程，以保证有水可蓄，有洪可防，这个过程就是做局。无论干哪行做何事，其理都是如此。所以，识局一定要清醒，把事情看准，做局要严密，以诱导事态按照设定发展，保证其阶段性目标实现，并向着终极目标有条不紊进行。

其二，科学布局，牢固控局。布局就是对已设定好的局进行周密科学的布置，即将其一事局分阶段、分步骤规划，环环紧扣，不留死角；将人力保障分层级、分岗位、分职责落到每个事点上，做到事事有人抓，处处有人管，不留空白；将资金和物资保障分事项、分设备、分时点分配到位，不短缺、不浪费、不断供。控局就是利用有效的控制手段保证各种布局按既定目标进行。细化各种目标考核体系，使各单位、各人员自行约束；开展适时检查监督，督查、督办，发现问题及时整改；实行优赏劣罚、失责必追、违法必究，营造干事创先良好氛围。同例，在修筑拦水坝的过程中，只有采取上述严格措施，才能保证万无一失，使大坝按时蓄水、安全蓄水。

其三，巧妙破局，永保格局。破局是指我们的事业正在进行时，遇到了致命危机，而采取有效措施消除危机的过程。同例，假如我们正在修筑拦水坝时突发山洪，这时我们就要紧急开辟泄洪道，分流山洪，保证拦水坝修筑不受影响。干任何事情，不论大小，往往都会遇到干扰或危机。遇到危机不要紧，关键是我们能想法巧妙消除危机，这就是破局。破局要恰到好处，不能小题大做，用高射炮打蚊子，也不能不切中要害，解决不了问题。格局就是自己做事业的视野、胸襟、能力，以及心中的想象与势态。在人生历程中，只有清醒识局、严密做局、科学布局、牢固控局、巧妙破局，才能永保格局。

故，世事如棋局局新，通盘胜算才会赢。酌全揣利巧谋划，能控善破格局成。

第五策　举重若轻，纲硬目密布政

在事业上，所有的谋局再好，关键要靠科学的布政去实现。布政也是战略落实，就是将宏大的战略目标和任务，以科学的方法部署到位。那么这中间最大的诀窍就是要举重若轻，也就是毛泽东同志所说的"战略上要藐视敌人，战术上要重视敌人"。在自己的心目中就是再大的局都是可以实现的，在布政时不畏手畏脚，怕这怕那。举重若轻就是把重大的问题轻微化、把复杂的问题简单化，这样在处事时就会头脑清晰，有条不紊。同时，在布政过程中要做到纲硬目密，也就是施政的主要措施要过硬，施政的具体方法步骤要周密。这样才能与前面的举重若轻战略相得益彰。怎么做到纲硬目密？其法如下。

其一，施政纲领要硬，施政步骤要密。所谓施政纲领，就是一个机构或一个人在一定时期内要做的事业的主要目标、任务、措施等。如一个人上任市长，他要说上任后怎么干？一个人当经理，他要说上任后通过什么方法，把公司经营成什么地步？一个人当上销售员，他上任后要说通过怎样的努力，销售收入达到多少额度？不论什么人，其施政纲领都要硬，其指标要量化，既要让自己有努力的方向，也要让别人看到你的作为风格与能力。所谓施政步骤要密，就是各种衔接要周密，即，在什么时间，用什么方法实现哪些分目标，从而确保总任务能完成，总目标能实现。

其二，施政主体要硬，施政辅体要密。所谓施政主体就是施政的主要力量，依靠的主要对象。如政府的施政主体是公务员，公司的施政主体是大、小经理，即各层级的负责人。施政辅体就是辅助主体施政的力量。就一个公司而言，辅体包括生产技术人员、产品销售人员、内务内勤人员等。在一个单位，施政主体的思想素质、业务素质、作风素质、身体素质都要过硬，否则不堪大任，只有主体人员各方面过硬，单位的工作任务才会有信心、有基础、有依靠。在此基础上，辅体人员也要有与之相适应的素质，同时还要有密切配合的精神、相互支持的自觉、相互成全的风尚、乐于奉献的情操。只有这样，才能做到大事有人扛，小事有人干，难事有人顶，才能保证战略落实。

其三，施政的保障要硬，施政的援助要密。施政的保障主要是指资金、资源、技术诸方面的保障。兵马未到，粮草先行。这既是作战的客观要求，也是开展各项事业的客观要求。一个单位、一个人要做什么事，首先应考虑钱从哪里来？物从哪里取？技从何处求？这三样，自己有现成的更好，若没有，就要考虑用何种办法取得，如借、贷、租、融等，不论采取哪种办法都要可行可靠。施政的援助要密就是施政的法律援助要可靠，舆论援助要及时，政治工作要到位。除此之外，业务的上游援助要充分，友邻援助要有力，下游援助要迅速。只有这样，我们所有部署才不会落空，才能自动有机高效地发挥作用。

故，万事如织细似网，纲硬目密统括装。举重若轻抓大事，漏掉虾米也无妨。

第六策　举轻若重，抓细抠微落实

举轻若重，是相对于举重若轻而言的。一般而言，领导者、决策者处理事情应举重若轻，被领导者、执行者处理事情应举轻若重。如公司的董事长、总经理主要考虑的是公司的经营方向和经营战略，而部门经理、一般职员主要考虑的是公司的经营步骤和经营战术。所谓举轻若重就是对待简单的事情要有认真的态度，办事要细致入微，或者说把很小的事情当成很大的事情来办，确保事情办成办好，办得不出纰漏，经得起任何的检验。要达到这个目标，就必须在办事的过程中抓细抠微，步步严密，处处扎实。如何抓细抠微，确保落实？其法有三。

其一，办事的方案要拟细，办事的过程要抠微。一个人办任何事情，都应该有一个可行性方案，才能保证所做的事情有条不紊地进行。所谓方案，就是一个人或者一个机构要开办的一项事业或项目的行动计划。这个计划拟订得越精细就越有指导性和可操作性。一般而言，首先要介绍方案产生的背景，希望达到什么样的目的。方案的正文要讲清楚做什么，怎么做，谁来做；如何考核，考核哪些指标，各个指标的占比是多少，如何获取等；投入产出是多少，能产生多大的效益；推广计划，起始时间、完成时间、评估时间等；还有应急预案、未尽事宜如何补充。当然，方案要简洁易懂，文字优美更佳。在此基础上，办事的过程要抠微，因为细节决定成败。怎么抠？就是按照方案的每个环节一点一点地抠，看是否按要求落实，发现问题及时整改。

其二，办事的责任要划细，办事的考评要抠微。我们在办事过程中，除了要有精细的方案之外，还要有科学的责任划分体系，即"责任制"，也就是根据工作的目标任务细分化后，将其落实到每个单位，每个岗位，每个人头，并将报酬和奖惩金额挂钩。以企业为例，责任制要规定企业内部各部门、各类人员的工作范围、应负责任及相应的权利，明确每个部门和岗位的任务和要求，把企业中千头万绪的工作同成千上万的人对应联系起来，做到"事事有人管，人人有专责"。一般而言，责任制分部门责任制和岗位责任制。部门责任制指一个机构的基本职责、工作范围、拥有权限、协作关系等内容。岗位责任制可分为领导干部岗位责任制、管理人员岗位责任制、职工岗位责任制。考评要抠微，就是以"责任制"为依据，通过对个人或部门工作事项的细致和准确的评估、考核，实施问责制，做到优胜劣汰、奖优罚劣、弘扬先进、鞭策后进，实现实施责任制之目的。

其三，办事的监控要抓细，办事的验收要抠微。办事，特别办大事在有了方案和责任制的同时，要有一定的监控措施。一旦发现问题便于及时整改，特别是针对一些人上下串通、弄虚作假的行为，要能有办法发现，有办法制止。监控一般分为组织行为监控，即通过各级行政组织和监察、巡查机构监控；专业技术人员监控，即监理人员、质检人员监控；大数据平台监控，即利用国家或行业的大数据信息平台进行分析比对，多方位、多渠道、多时点、多频率等要素进行逻辑分析，以发现疑点、纠正疑点、消除疑点；除此以外还要发动群众和社会舆论机构进行监控，多管齐下，多措并举，不留隐患。验收要抠微，就是不论是一项工作、一项工程、一单货物，都要按照方案、标书、产品证书及合同，一一进行严格验收，不放过蛛丝马迹，对真理和历史负责。

故，细节决定成或败，过程决定好和坏。举轻若重细抠微，杜绝马虎事无非。

第三章
引才用将策

　　人到中年，在事业中多有所成，大都涉及引才用将。引才，就是要充分利用各种渠道广泛引进对自己事业有用的人才。用将，就是要通过多种检验，准确重用对事业有组织指挥能力的将才。引才用将有独特的目的、严格的标准和坚定的原则。其目的就是能为自己或共同的事业，出力卖命，献计献策。其标准就是能同心同德、能文能武、能屈能伸、能战能胜、不骄不躁、不改初心。其原则就是能知人善任，内举不避亲，外举不避仇。当然，引才用将的核心是其策略。引才用将的策略要因人因势因时而宜，抽象起来大概分为三种。

第七策　施能用武，各得其所引才

人才，是所有事业成功的基石。人才有现成的，有潜在的，有经过精心培养和磨炼而成的，也有从其他阵营，包括从敌营争取而来的。人才要为我所用，就必须为不同的人才提供施能用武的平台。只有他们觉得能充分展示自己的聪明才智，发挥自己的特长本领，得到应有的职位和待遇，他们才会安心地为自己所干。否则，他们就不会长久安心干事，或者人在曹营心在汉，出工不出力，不求进取，得过且过。如何引才，惜才，用才？其法有三。

其一，高人一等配位，使其以荣耀之心履职。人往高处走，水往低处流，这是人之常情。如果你觉得某人是个人才，就必须给他更好的平台，如此，他便可以有更高的平台施展自己的才华，更重要的是他认为得到了你的信任而感到自豪，同时位高权就重，权重业就丰，业丰誉就响，誉响心就爽，使其充满激情与活力，尽心尽力为你干事业。同时，也吸引和影响更多的人向自己靠拢，为自己干事。

其二，优人一等付酬，使其以优厚之感干事。人才各异，有人志在从政，有人志在从军，有人志在经商，还有些人志在从事学术、技术、艺术等某一专业的钻研。对于一些属于专业技术型的人才就要在报酬上给予特殊的优待。如给予基本的生活待遇，充裕的业务经费，一定的奖励资金。对于有突出贡献的人才，要给予特殊的职称、职位、津贴和补助，使其觉得具有强烈的优越感。如国家对"两院"院士有专门的津贴，对有突出贡献的科研工作者发专门的高额奖金。在企业或者在独立的机构中，也要有各自的优待人才的措施。同时，在基本薪酬上也要尽量优人一等。只有这样，才能广招天下之奇才，创造事业之奇迹。

其三，超人一等赋能，使其以权威之心作为。所谓赋能，就是为某个主体赋予某种能力和能量。通俗地讲，就是你本身不能，但我能给予你权利和资源（资本）使你能。在企业中，一般员工本身没有的权利，经过企业法人或经理授权便能享有一些处理商务事宜的权利，如商品定价权、优惠权、合同签订权等，使其有更大的自由决断权，更多的事务处理权，更广的信息披露权。适当的赋能使部下或普通员工有权威之感，也有权威之责，自然也会带来权威之效。当然，授权赋能不能过度，要恰如其分，否则也会带来漏洞、风险，甚至会因赋能不当造成灾难。一般而言只能下授一级，把风险降在可控范围之内。

故，天生奇才必有用，谁用奇才必成功。施能用武将其拢，各得其愿显神通。

第八策　恩威并举，论功赏位用将

将，在军中指师以上高级指挥官。而同时引用为各行各业、各地的高级领导干部，以及大型企业、大型机构中的组织指挥人员。所谓"用将"，就是使用掌控这些高级人员的艺术。用将道法多种，对不同的人有不同的用法。用将法则抽象起来讲，也就是恩威并举，论功赏位。其具体的做法如下。

其一，心悦诚服，使其以感恩之心作战。将领不同于一般人才。人才多是个人优秀出众，具有专门的技能，以及独特的专长。而将领则不同，将领是统率之人，是指挥之人，也是人之表率。用将最根本的一条就是要使其心悦诚服，也就是使其为你的作战（工作）部署而由衷地高兴，对你的人品和决定而真心地服气。要做到这一点，首先要让其知道你的为人宗旨、处事方略和决策意图，以及战略目标，让其心领神会，自愿为你作战。其次是让其知晓他自己作战的权利、责任、影响，以及胜战的好处，使其在战斗中发挥主观能动性，自己想尽办法如何排除障碍，如何攻克堡垒，如何最终赢得胜利。同时，也要让其知道你是如何地信任他、重用他，如何地争取机会给他，使他对你怀有感恩之心、尽忠之德、赴死之勇。只有这样，这位将领才能忠心履职、铁腕率队、大胆作为、大获全胜。这样作为用将者，才会放心用人、宽心谋事、欢心生活，更会赢得更多将领的崇拜，更多群众的拥护，更多同僚的羡慕，更多上级的重用。

其二，令行禁止，使其做到坚决迅即从命。现实生活中，无论是军事战场、商业战场，还是科技战场，一个指挥者的决策再正确，其命令如果不能按设定的时间点执行到位，就会贻误战机，轻则减少胜利的机会，重则兵败将倒，所以执行命令的敏感度，决定着战场局势的稳控度。要让将领迅即执行自己的命令，首先要养成令行禁止的习惯。发令者要慎下命令，更不能朝令夕改，使下级遇令先怀疑三分，怕自己正在执行时你又把命令改了。要让部下毫不怀疑你的命令的正确性和不可更改性。其次是对抗命者或者延误命令造成重大损失者，要严加惩治，不能网开一面，也不能下不为例，按规矩办事，该罚则罚，该降则降，以确保命令如山，执行到位。

其三，论功赏位，使其觉得劳而所值。论功赏位自古有之。问题的关键是如何看其功，如一场战役的胜利，有军事指挥员的军事谋动作用，也有政治指挥员的政治保障作用。一场商业战役的胜利，有总经理的市场营销战略作用，也有财务总监的资金（资本）运作作用。一场科技战役的胜利，有技术总管的科研创新作用，也有市场总管的市场推广和应用作用。评功要客观，谁有功？有多大的功？评的要恰如其分，不偏不离。特别是对主功者与辅功者的功要有科学的评价体系和标准，使其一功而成诸将升，而切忌一将功成百骨枯。只有这样，诸将才不会争主辅，只会争贡献，因为任何一场战役的胜利都是需要多方面协作努力的，不论战在何处都会得到赏识重用，大家自然就各显神通了。

故，一将功成万人推，万人奋战靠将挥。恩威并举保胜利，论功赏位均得惠。

第九策　正风肃纪，纲举目张治队

引良才用忠将的目的是建立一支英勇善战的队伍，而队伍是由众多人才和一批将领组成的。要把整个队伍治理好，就必须正风肃纪。所谓正风，就是政治方向正确，作风优良，使队伍中的每个人知道什么是该做的，什么是不该做的，而且还要树立正风的标准和典范，让大家遵从和效仿。所谓肃纪，就是整肃队伍中不正之风的言行，轻则教育，重则清除队伍，并警示教育整个队伍，使其不敢违反。纲举目张，就是抓住治队的主要环节，进而带动整体队伍全面联动。如何抓？其法如下。

其一，立正风标准，统驭队伍言行。立正风标准就是立队伍的魂，其意义十分重要而迫切。队伍分多种，有军队、公务员队伍、工人队伍、科技队伍、农民队伍、商务队伍等，不同的队伍有不同的正风标准，如军队的标准是"听党指挥、能打胜仗、作风优良"；公务员队伍的标准是"信念坚定，为民服务，勤政务实，敢于担当，清正廉洁"；科技队伍的标准是"渊博的知识，过硬的作风，正确的思维，严谨的学风，活跃的创新意识，良好的团结协作精神"。立有标准后，就要开展这些标准的宣传教育，使之入心入脑，统一全员的言行，统驭队伍的作风，将本行业的正风标准变成队伍中每个人的自觉行动。

其二，树正反典型，统一队伍规范。一支队伍有不同的层级和许多的岗位，在不同的层级和岗位上的人有着不同的作为方式。为了让不同的人学有榜样，就要根据正风总标准树立不同的正面典型。时下，我国的"共和国勋章""八一勋章""七一勋章""五一劳动奖章"等荣誉的获得者，便是不同战线不同层级的先进典型人物。每个领导者在自己所属的队伍中也要开展典型引路活动，树立不同的先进典型，培养队伍的全员典范，使其学有方向，赶有目标。在树立正面典型的同时，也要将队伍中的害群之马树成反面典型，如不作为的典型、贪腐的典型、政治昏庸的典型等，以加强批判，警示教育全员。

其三，建肃纪铁军，清除队伍败类。有了正风的标准，有了正风的楷模还不够，还要建立一支专抓正风肃纪的铁军。这支铁军就是专门来开展正风的日常监督，从而发现问题，调查问题，处理问题。例如党政队伍中的纪检监督部门，企业中的监事、监督部门。这支铁军首先是自身过硬，成为整个队伍的表率，同时不怕得罪人，敢于担当，善于担当，秉公正派，处理问题不偏不倚，不带个人感情色彩。对待重大事件，不唯上，不畏难，不以案谋私，只唯实，只唯法，排除万难，坚决把队伍中的败类清除出队。通过这支铁军的努力作为，真正把正风肃纪落到实处，使整个队伍昂扬向上，精神饱满，干劲十足，作风过硬，上信下拥，和谐共荣，业绩突出。

故，正风肃纪榜样在，万众赶学向前迈。沧海逐浪显本色，海晏河清映光彩。

第四章
治事立言策

所谓治事，就是管理事务，抑或管理处理事务的人。所谓立言，就是确立独到的学说言辞。二者是相互联系，相辅相成的。而每个人在成功之前，都要经历"三部曲"，即修养完美的道理品行，建立可观的功勋业绩，确立独到的论说言辞。简言之，就是做人、做事、做学问。这是因为，只有做好人，才能做好事，只有做好事，才能立言辞。同理，好的言辞能指导人做好事，修好行。所以成功人士一般是"三部曲"连奏、续演的，特别是在做事与立言上，往往是相互跟进的。当一个人具备了做事的能力和相应条件时，在做事之前一般要掌握做事的普遍常识和规律，拿出相关的做事方案和措施。在做事过程中往往会遇到事先难以预料的问题和困难，然后想尽办法去解决问题、克服困难，最终圆满完成既定任务，把事做成。当一件事做成后，就应该总结一下做事的经验体会。当一个时期的事做成做完后，就要总结一下做事的一般方法和普遍规律。当在百舸争流中，你始终能勇立潮头，把事业越做越大，越做越好，你就要用心探索自己成功的秘诀，总结出独到的方法，归纳成独到的策略，锤炼成独到的言辞，继而形成自己独到的学说。如何治事立言？其法有三。

第十策　以事业为导向，实施针对性策略

世上百事，各有其律，治事之术应唯事其性而施。也就是干什么事，应以什么事为导向，来研究实施什么样的有效性策略。例如，要建一条跨山脉、河流、湿地的高速公路，就不能按照过去的老办法，绕山、绕水、绕湿地修路，而是要根据现在的实力和科技手段来办，逢山就开辟隧道，遇水就架设桥梁，碰到湿地就要设计景观桥，上面通车，下面是公园。这样既

缩短了公路里程，也改善了生态环境，还节约了行车者的成本，可谓一举多得。以事业为导向的基本方法是：

其一，以事业的总体目标为导向，顶层设计事业架构。每项事业都有一个总体目标，或多项阶段性的目标。科学的治事方法是先以事业的总体目标为导向，顶层设计事业的架构。例如，要设计一部管理全国14亿人口的健康码信息系统，其导向是能将14亿人口全面纳入监控之中，快速反映每个人的健康状况，即健康者（绿码）、密接者（黄码）、感染者（红码），以供区别防疫和治疗。顶层设计就是首先考虑健康码的总库容要能超过14亿人以上，全国一码通用，防疫的政策全国一致，同时也能满足不同省份在特殊时期的特殊需求。然后设计软件的总体架构，使之能快速开发，科学利用，而不是各省各行其是，画地为牢，互不认证，互不兼容，影响全国整体抗疫工作。所有事业都应以总体目标为导向，而进行顶层科学设计。只有这样，才能事半功倍。

其二，以事业的分属项目为导向，分步设计实施计划。所谓事业的分属项目，就是整体事业中，不同形态的项目、不同时段的项目。例如修建一条高速公路，有挖隧道的项目，有架桥梁的项目，有平整路基的项目，这是按项目状态分。要按时段分，第一阶段是路基建设，第二阶段是路面标示化建设，第三阶段是联调联试，第四阶段是通车运行，第五阶段是正常营运管理。那么，不同形态的项目，不同时段的项目，都有各自的目标导向，建设者就要按照不同的导向分项目、分时段制订实施计划书。同时注意这些分步计划书必须与总体架构相吻合，相耦合。只有这样，分步计划才科学，总体构架才能完整，整体事业或工程才能达到预期的目标和效能。

其三，以事业的整体联动为导向，统一行业的各项标准。事业的整体联动与一个人的机体整体联动、一部机器整体联动是一样的。如全国的高速公路网，其导向是道路要全国互联互通，标示要全国一致，规则要全国一样，收费要全国一价，服务要全国无异。如果个别地方有不一致的就要进行改进，确保全行业各项标准一致。只有这样，每个司机上路才没担忧，不怕卡，不怕敲，不怕被人暗算。一个单位、一个企业、一个组织，不论从事何种事业，都要有大局意识，大到行事符合全国、全球的标准和规则，小到内部诸方面、各环节都要有整体统一的规章和规则。这样干事才能合法、服众，效益才能长远，事业才能兴旺发达。

故，量体裁衣衣得体，对症下药药显灵。事业大小均有标，对标施策最有效。

第十一策　以实践为准绳，修正干事纲领

重大事情，特别是以前没有干过的事情，其设计方案在实践中大都要进行不断的调整，因为认识是在随着事情不断变化而提升的。所以说实践是检验真理的唯一标准。作为一个管理者，特别是一个大地域、大企业、大行业、大项目的管理者，或者是决策者，在干一件重大事业的时候，事前要有充分调研，设计出尽可能周全的计划或方案。但在实施的过程中，千万不能照方案死搬硬套，一定要根据事业进行中发现的新问题，研究新的解决办法。比如我国在修建长江葛洲坝水电站时，它是长江上的第一坝，没有经验可循，而在当时的科技条件下，不可能把地底下的物质结构都摸清楚，若等摸清楚了再施工不知要等多少年，只有边设计（总体设计），边施工（通过施工发现问题），边修改（针对问题不断向好的科学的方面完善）。当时葛洲坝修到一半时发现地质结构与设计方案不符，决策者果断决定炸掉重修。这一壮举不但保住了葛洲坝自身的安全，还为后来修三峡大坝奠定了良好基础。中国革命、社会主义建设、改革开放等是在艰难的探索中前进的。我们每个人的事业，不论大小，亦是如此。总之，以实践为准绳，不断检验校正我们的事业发展方向，再根据其实际适时科学地修正我们的干事纲领十分重要，具体做法如下。

其一，通过自己的队伍实践，完善事业纲领。当我们的事业纲领形成后，首先是交给自己的队伍开展实践。在实践中，若证明我们的纲领是正确可行的，那就毫不犹豫地依照纲领进行。当在实践中发现纲领有些问题，特别是重大问题时，也要果断停下来重新研究其原因，找出新的办法再在实践中进行检验。如果新办法行之有效就要进行总结，以完善其总纲领，使总纲领进一步科学地统领事业发展。这个过程就是实践—总结—再实践—再总结，继而形成科学的行动纲领。在这里要强调的是，为什么事业纲领首先要交给自己的队伍进行实践？因为自己的队伍政治可靠，不会从中作祟。自己的队伍熟悉其程序和技术，不会误事。自己的队伍听指挥，能令行禁止，不会影响决策者的统一指挥和整体部署。

其二，通过竞争者的挑战，强化事业纲领。一个事业纲领好不好，不仅要通过自己的队伍来实践检验，还要通过竞争者，甚至是敌对势力的挑战来检验。也就是说自己的队伍是站在自己的一边进行实践的，没有受到破坏性的攻击。倘若只听自己队伍的意见，当有更宽更广的领域进行实践时，就会遇到麻烦或者颠覆性的打击，到那时再对事业纲领进行完善就来不及了。而在让自己的队伍进行实践的同时，也让竞争者进行挑战，尽可能地让对方进行猛烈地、破坏性地攻击，然后我们一个个接招，一个个研究办法破阵，继而形成统一的、强硬的对策，使自己的事业纲领不断强化，更有利于抗击风险与挑战。为什么强调要将事业纲领交由竞争者进行挑战？首先是因为挑战者具备挑战的能力。其次是挑战者都会以击败对方为目的行事。最后是可以发现挑战者的战略战术和科技秘密，以供己用。

其三，通过业内高人的指点，提升事业纲领。所谓业内高人，一般是指两种人，首先是业内的领导或者上司。领导是比自己位高的多层级领导人。上司是直接领导自己的上一级。他们既然能成为自己的领导或上司，必然是因为在某些或多方面比自己强，比自己站得高，比自己看得全面和长远。所以，他们的意见可能更客观、更科学、更全面。另一种人是业内的专家学者，他们对从事的事业研究得更深入、更专业、更具前沿性。注重听取业内这两类人的意见，争取他们的真心指点，继而科学地提升自己的事业纲领，就会使其更具统领性，也更具可操作性，必将使自己的治事能力、治事效率和治事形象得到极大的丰富和提升。

故，实践最能验真理，各行各业有专攻。个人再能也有限，谦听高人策更妙。

第十二策 以真理为标准，建立治事学说

真理就是真实的道理，即客观的事物及其规律在人的意识中的正确反映。真理具有绝对性和相对性。真理的绝对性是指其在一定的时空内，某一真理无法

被其他的逻辑所推翻。真理的相对性是指在一定条件下人们对事物的客观过程及其发展规律的正确认识，是有局限的、不完全的。作为不同的治事者，特别是决策者，必须按照自己所从事的事业，根据不同的时代特征、事业性质、作为方式、经验教训，总结出不同的理论学说，以供己鉴，以资他人。其方法如下。

其一，从伟人的著作中寻求真理，构建学说的理论基础。伟人之所以称为伟大的人物，是其在不同的历史时期和领域建立了丰功伟绩，并留下了与之相符的学说和理论专著。他们的著作得以流传尊崇，都是因其经过自身的检验而又经过历史的证明是千真万确的真理。所以在伟人的著作中寻求真理，是一种首选的方法。伟人著作浩如星海，要从中寻求其精华，并非易事。既要针对自己的目的性进行选择，也要对选中的原著进行研读与甄别，从中找到真正的闪光点。诚然，伟人发现的真理大都是相对真理，离开特定的时空可能会发生变化，但它同时也是新真理的"定理"基础。现实社会中，不论我们的事业是什么性质或类型，要想建立具有真理性或具有普遍指导意义的学说，就必须以伟人们已经发现的真理作为理论基础，或者是作为理论的逻辑定理。只有这样，我们才能既继承先人精华，也进一步开拓创新，还能节省很多盲目探索的代价。

其二，从实践的检验中寻求真理，确定学说的使用方向。从实践中寻求真理包含两个方面。一方面是将既定的理论放在实践中进行检验，若管用就是真理。另一方面是先摸着石头过河，再在成功的探索中总结其规律，并推行到更大更广层面进行再实践、再总结，若管用就是真理。在此基础上来确立我们所立学说的使用方向，即，所建立的学说是干什么用？给谁用？怎么用？一般而言，任何一种学说都有一个或多个使用方向。比如管理学的使用方向，就有经济管理学、行政管理学、军事管理学等。而管理学的内涵、外延和作用，会随着时代和科学技术的进步而不断变化，创造或裂变出诸多的分学科。每一门新学科的使用方向会更精准，同时也为我们创立学说提供了更多的途径。

其三，从理论与实践的结合中寻求真理，提升学说的指导作用。理论与实践的结合，可以证明真理，排除伪真理，也可以从中发现新的真理。发现新真理的过程，就是相对真理向绝对真理转换，再由绝对真理向相对真理转换的过程。比如太阳是从东边出西边落的，这是地球人按照地球的自转和围绕太阳公转的定律而总结的绝对真理。但从"宇宙人"的观察，太阳是永远不落的，这是"宇宙人"只围绕着太阳公转而不自转的定律得出的相对真理。而"宇宙人"在某个星球或卫星上，其按照与地球相反的方向自转，那么他就会说太阳是从西边出东边落的。有鉴于此，绝对真理与相对真理的演变，是随社会实践的演变和历史长河的裂变而变的。所以，我们做学问、说话都不能绝对，一定要用辩证唯物观和历史唯物观来指导和统领。在理论与实践的结合中寻求真理而建立的学说，会更加符合辩证性、客观性和历史性，对实践工作的指导就会更加具有可操作性和长远性，其学说的理论基础和实用价值就会得到很大的提升。只有这样，我们所做的学问才会被用得更广更长远，我们所有做学问的人才能在历史的长河中得到洗礼。

故，实践方能出真知，真知才能佐实践。治事优秀方立言，立言旨在好治事。

第五章
理财聚富策

　　理财就是打理和管理自己或单位的财产，以实现其保值、增值。理财分为公司理财、机构理财、个人理财和家庭理财等。理财既包括把钱往外投资，也包括被投资。聚富是把已经取得的各方面财富聚集起来，以发挥更大的作用。聚富同时包括将别人的财富以共赢的方式汇集起来，形成财富的巨增效应。理财和聚富是每个人都必须掌握的技能，同时更是成功人士以其制胜的手段和目的。

　　理财聚富虽是经济范畴，但也具有政治、道德属性。古有"君子爱财，取之有道"之说，今有"合法经营""依法聚财""合理致富"之要求。无论是个人或家庭的理财聚富，还是单位或地区的理财聚富，都有其相应的规则、规范，以及法律法规、政治和道德方面的要求。在现实生活中，既要充分理财聚富，又不违反诸多的守则和要求，是有很深的政治道德涵养和专业素养的，归其简言就是有很多策略的。一般而言，从制胜者角度出发，应掌握如下三策。

第十三策　多措并举，招商引资挖潜开财

开财是理财聚富的首要举措和基础，不开拓丰沛的财源，就无从谈节俭和聚富。开财和生财有所不同，生财是在原有财源上增加财富。开财是在原有财源外开辟新的财源。开财具有时代的机遇性，即在某个特定的环境、特定的时期、特定的政策导向下，会孕育很多不同的开财机遇。如粤港澳大湾区、雄安新区的开发就会产生许多新的开财途径。再如，国家推行的内外"双循环"经贸政策，就为许多内外贸一体化的企业创造了更多的发展机遇。因为以前内外贸是有别的。现在一体化了，就可以"内货外销、外货内销、内外通销"。

机遇就是金钱。善抓机遇、早抓机遇、抓大机遇，是开财的关键。同时，在抓住机遇的基础上，要学会把机遇尽早尽量转化至开财的具体项目上来。怎么转上来？其法如下。

其一，利用优势招商，"借鸡生蛋"开财。招商犹如家里没有鸡蛋，去借一只母鸡到自己家里来生蛋一样。"借鸡生蛋"的关键是怎样才能把别人的"鸡"借来？招商亦如此，怎样才能把外人、外地、外国的"商"招进来，这里面有诸多因素，但核心的一条就是要利用自己的优势引导别人来。比如，利用资源优势，既可以节省成本，也可以保证原材料的长久供应；利用劳动力优势，既可以降低用工成本，也可以保证劳动力的长期稳定；利用市场优势，既可以降低产品的销售成本，也可以保证产品的长期畅销。要用自身的优势招商，首先是能发现自身的优势，并提经有关部门的认可。其次是要确权，请有关部门明确规定某些优势属于自己。最后要通过特定的媒体或关系人将自己的优势展现出来。通过这三个步骤努力将自己的优势与相应的商家进行对接。吸引别人来，恳请别人来。别人来了后，要真心帮助别人，维护别人的利益，在此基础上实现自己的利益。这样才能借到更多的"鸡"，为自己生更多的"蛋"，卖更多的钱。

其二，实行双赢引资，"造船出海"开财。引资往往是自己有人、有技术、有资源、有市场，但缺乏资金做大做强。犹如此岸有很多的宝贝，但缺乏大船运往彼岸。引资就是引进别人的资金，来建造自己的"大船"，然后将此岸的宝贝运往彼岸去卖大钱。这就是"造船出海"开财法。引资有别于招商，只是引来资金。引资的方法有多种，可以募股引资，可以借贷引资，可以合营引资，还有求援引资等。不管采取什么方式引资，最根本的一条是要把引来的资金用在刀刃上，造出适用的"大船"，赚取丰厚的利润，使出资者能获得可观的回报。同时能保证出资者的利益及时、足额、安全兑现。

其三，多管齐下挖潜，"变废为宝"开财。挖潜是刀刃向内，在内部通过各种措施节约成本、扩大经营、提高效益，同时，通过增强科技含量"变废为宝"，开发新的增长点。多管齐下就是因时而宜、因地而宜、因人而宜，多种手段并用。如，压省生产、管理、销售、运输、仓储等成本，提高产出效益；扩大生产规模、市场份额、营销渠道，增加总体营收；加强科技创新和利用，增加资源、原材料和废旧品的再生利用，包括污水净化再用、燃料炭渣利用、生产模板再利用、边角废料再利用、闲旧设备再利用、生态环境再利用等。另外，还有资金的使用上，可以变死钱为活钱，变零钱为整钱，变散钱为大钱，然后将其用在开财上。这样就会使我们的财源滚滚而来，永不枯竭。

故，财源滚滚遍地是，只缘常人不相识。擦亮眼睛巧动脑，多方开财尽是宝。

第十四策　厉行节约，从小从俭从廉省财

省财是理财聚富的重要措施，不会省财的人，再多的财富也会白白浪费掉。省财有意识上的省，也有方法上的省。意识上的省财就是做什么事情，首先要想着能简则简、能节则节、能无则无，不要讲气派花不必要的钱。这就是从精神上崇尚厉行节约。方法上的省财就是做什么事情，只要能达到预想的效果，就在多法中选其省财的方法。如，从 A 地到 B 地，若没有时间限制，能步行就不要坐车；能坐公共交通工具，就不要坐专车；若需坐专车，尽量坐普通省油的车，

不要坐高档费油的车。厉行节约体现在工作和生活的方方面面，其方法也无穷无尽，但归纳来讲，主要如下。

其一，养成习惯，从细微深处省财。一个人的习惯是靠长久的工作和生活方式养成的。要养成省财的习惯，也非一日之功，需要从细微深处长期磨炼。从细的角度上讲，就是工作、生活的每一个环节和每一个过程都要注重省财。从深的角度上讲，就是干任何事情，从一开始到最后的成功都要注重省财。比如一个人在工作中始终注重"简俭减"，不搞形式主义，不铺张浪费，不搞无用之举，更不搞"面子工程"，就会为单位节省很多开支。再如一个人在生活上，穿衣只求舒适、干净、得体，不追求名牌，吃饭只求吃饱、吃得够营养，不追求山珍海味，住房只求够用、安全，不追求宽大豪华，也会为个人节省大笔的钱财。

其二，约法三章，从移风易俗中省财。约法三章，就是对自己、家庭和所辖（管）的单位规定其不能违反的条约（款）。从移风易俗的范畴上讲，如，摒弃一些不良风气，不大操大办，不借机生财，不污染环境，不扰乱公秩，不炫耀自己，自觉做到喜事新办、丧事简办。总之，办任何事情尽量做到使自己舒服，使别人轻松，使社会和谐，使环境不损坏，使金钱不浪费。要达到这个目标和目的，光靠自觉往往是做不到的，需要订立章法进行他律，如家风家规、乡规民约、社区公约、行业公约等。如果个人不能自觉做好，这些约法就要起到制约作用，以保证共同遵循，同时达到省财的目的。

其三，不谋私利，从清正廉政中省财。不谋私利，就是不论自己是私企老板，还是国家公职人员，在办理事情的过程中，不能心怀私欲，借机谋利。如，买一件商品本应用一万元即可，非要花两万元不可，而从中拿"回扣"。装修一间房子，本应简装即可，非要精装不可，亦从中取利。购一套设备，本应购国产即可，非要进口不可，想法渔利。要制止这些现象，就要从清白、正派、廉洁出发，制定一些相应的措施来防止一些人的不轨行为，从而既保证各项事业顺利进行，也防止发生各种贪腐行为，同时还能起到节省财力的目的，可谓一举三得。

故，金山银山坐吃空，精打细算不会穷。厉行节约成习惯，简俭减廉省大钱。

第十五策　积沙成塔，汇丰聚细纳川壮财

理财除了会开财、省财，还要会聚财。聚财是聚富的支柱，因为一个人从富裕到富贵，财力是最重要的基础。如何壮大财力，积沙成塔是个有效的方法，其中最重要的是汇丰、聚细、纳川三法。汇丰，就是把自己每个时期的丰收成果，不遗余力地颗粒归仓，除去必要的开销外，留足储备，以其壮财。聚细，就是把自己来自各个途径的细小收入都有效地归集起来，以其壮财。纳川，就是将千流百川的外来收入用合理的高招，纳入一体，进行分享，以其壮财。一个人，特别是法人，如果掌握了汇丰、聚细、纳川这三种壮财方法，并能娴熟运用，就一定会不断壮大财力，形成富裕，走向富贵。那么，如何运用？其法如下。

其一，汇主业之富饶，丰中壮财。每个人在事业中都会有一个主业。如，一个农民以种养业为主，兼以务工、经商。一个工人以做工为主，兼以炒股、经商。一家企业以造汽车为主，兼以造农用车、造家电。汇主业之富饶，就是将主业的丰厚利润有效地聚集起

来，以壮其财。为什么要这样做呢？这是因为主业已经成熟，是事业或产品的收割期，也是聚财的主渠道，理应多创利润，多作贡献。而其他的副业一般都处在培养期，或微利期，需要自身发展，同时需要加大投入，以助其壮。当然，今天的副业也可能成为明天的主业，等到了那个时期再作主副业收入策略的调整。在正常时期，以主业为聚财重点，是普遍做法，也是有效的做法，也称丰中壮财法。

其二，聚副业之溪流，细中壮财。大多数人在事业中，除了主业之外，都有兼职或副业。副业的收入犹如溪流，不能让其白白流掉，也要科学引导聚集成长流清泉。即，来得正当，干干净净，同时源远流长，取之不竭，用之不尽。需要强调的是，副业一定是国家政策允许干的活，而且靠自己的智慧和汗水换来的收益，不能靠歪门邪道，取不义之财。如，一个大学教授除教书之外，搞些科研项目，既可以提升学术水平，也可以增加收入，还可以把知识或专利转让给生产单位，使其变为财富，从中分成，最后总结整理出版专著，既传播了知识，也为自己创造了收入。虽然上述每项收入都不多，但聚集起来就是一笔可观的财富。教授如此，其他人应如是。这就是聚副业之溪流，细中壮财法。

其三，纳他山之百川，计中壮财。逢山必有川，群山造百川。川中必有流，引渠归我用。川从他山来，笑纳亦壮哉。笑纳百川，是件畅快的事，但也是件不易的事。如何能把他山百川纳为己有，涉及方方面面的智慧。如，是修导流渠效果好，还是取地下泉效果好，或者是架吸水管效果好？这要因地而宜、因时而宜，还要因人而宜、因事而宜。这中间有许多的学问，或者说计谋。四川的都江堰工程、长江的三峡工程，还有数以万计的水利工程，无论工程大小，都有各自的特殊规律和建设者的独到智慧。壮财如纳川，遇到不同的天时、地理，就要用不同的人和方式去应对，只有这样，才能聚到财，壮大财，这就是计中壮财法。

故，大漠积沙能成塔，高山滚雪"球"变大。汇丰聚细加纳川，财壮人富前程宽。

第六章
为人处世策

　　为人处世有许多的策略，不同的人有不同的策略，同一个人在不同的时期也有不同的策略，本文论述的主要是成功人士在中壮年时期的处世策略。一个人有所成功，尤其是在事业上有所成功，往往容易得意忘形，骄傲自大，目中无人，说话无所顾忌，做事随意性大，待人蛮横无理，甚至出口伤人，到处树敌，四面楚歌。这样的人干不了大事，得不到人心，更难积福造贵。反之，越成功越谦逊，越位高越恤民，越富贵越平易，这样的人就会干大事，获人心，成大业。他们的处世策略简而言之，有如以下三类。

第十六策　把自己当常人，平易近人

当一个人成功后，能把自己当常人很难。其原因是自己往往自觉或不自觉地不把自己当常人看，再就是周围的人不把你当常人看，处处哄着你，抬着你，这样就使自己飘飘然了，以为自己非常了不起，高人一等，在为人处世中自己也不把自己当常人看待了。正确的做法是，不论自己有多成功，一定要把自己当常人来对待别人，努力做到平易近人，才能不断地发扬自身的优点，克服自己的不足，不断地增加正能量，塑造更好的形象，营造更好的人际关系。如何营造？其法有三。

其一，语言和蔼可亲，让人喜欢接近。生活中当一个人有所成功，或者有一定的名望，说话就容易大大咧咧，讲官话，讲套话，讲伤人的话，这样就会不招人喜欢。应克服这些毛病，说话和蔼可亲，而且对不同的对象能说些体贴的话、鼓励的话、开导的话，即使是批评的话，也要讲究方式方法，不挖苦，不贬低，不绝对，使对方听到能接受，不逆反，能入耳入脑，心悦诚服。当然为了和蔼可亲，也不能讲假话，讲无原则的话，讲无用的话。正确的做法是对长辈要用恭敬的口吻讲话，对晚辈要用关心的口吻讲话，对平辈要用体贴的口吻讲话。讲话要真诚，要有理有据，要有逻辑性，要有感染力。当对有诉求的人讲话时要有对方期望值的信息量，尽量客观满足其所求所愿，即使满足不了也要以理服人。让不同的人都喜欢与自己说话。

其二，行为朴实低调，让人容易合拍。一个人的行为包括学习行为、工作行为、生活行为，还包括爱好兴趣行为等诸多方面。行为有低调、适当、高调之分，有朴实、得体、做作之别。行为是受客观环境影响和制约的。例如，你去扶贫穿西装打领带，这就不协调了，而你参加重大会议或仪式穿西装打领带就是合适的，而且体现了你对所参加会议或活动的重视以及自身素养。这里的关键是朴实低调。朴实就是不做作，不刻意彰显自己。低调就是做事恰如其分，不自把"乡长"当"县长"，不自把"学生"当"先生"。参与谁的活动，要考虑谁的感受，要让别人能与自己合拍，以共同合奏美丽的乐章。

其三，思想先进客观，让人愿意跟随。思想有落后与先进之分，但是先进不能偏激，要符合客观实际。一个成功人士如果想再有发展和进步，思想僵化落后了，便没有人跟你干。反之，思想太激进了也没人跟着你干。其道理是思想太激进的人所做的事情往往很难成功，而且会劳命伤财，还会怪罪周围所有的人不努力，出口伤害别人，使之反感，敬而远之。只有思想既先进又客观，做事情才会做一件成一件，自己也会感恩感谢所随人员，并给予其可观的回报。这样既满足了所属人员的物质期望，同时也增强了其荣誉感、幸福感和亲近感，使他们永远愿意追随自己，为自己作贡献，同时也能使自己的队伍越来越大，越来越强。

故，人生本无贵贱分，只是环境左右人。倘若富贵还平易，众人钦佩更英明。

第十七策　把自己当富人，乐于助人

一个人的富有分精神上的富有和物质上的富有，而物质上富有也分为相对富有和绝对富有。任何一个人，都是比上不足，比下有余，也就是说大多数人都是相对富有的。如，一个人月收入十万元，对一般人而言是高收入者，但与月收入上百万元、上千万元，

甚至更多的人相比，他也是个低收入者。另一个人月收入只有一万元，但他与月收入只有八千元、五千元，甚至更低的人相比，他也是一个高收入者。所以，富有都是相对的。那么，在为人处世上，我们都应该把自己当富人看待，然后去尽力帮助更需要帮助的人。这既是一种思想境界，也是一种道德情操。生活中，我们经常看到有人捐一个亿帮某地建学校，也有乞丐把自己讨来的十元钱捐给灾区人民，这其中不在数额大小，而在于心意。如何乐于助人？其法如下。

其一，当精神富有之人，帮歧途之人重归正道。所谓精神富有之人就是积极因素和正能量满满，思想昂扬向上，遇事待人客观辩证，对消极的东西有正确的解决办法，促使其向好的方向发展。人生在世，总会遇到一些误入歧途的人。对待这样的人，如能劝其清醒，痛改前非，就会重归正道；反之，就会火上浇油，使其自我毁灭。作为一个有良知的人，特别是成功之士，就要把自己当精神富有之人，对所遇到的歧途之人，喊一声，拉一把，劝一番，并对症下药，医好其心灵上的创伤，使之重归正道。同时，将其扶上马，送一程，鼓足劲，予之器，尽其工。

其二，当金钱富有之人，帮贫困之人努力致富。所谓金钱富有之人，并不是钱比所有人多，而是与那些在贫困线以下的人相比，自己的钱比他们多。当他们有急需之用时，自己就要毫不犹豫地想方设法给予其帮助。这种帮助就是真金白银的帮助。给钱帮其解饥饿之苦，身体之病，衣被之需，居住之安。同时，要变"输血"为"造血"，帮助他们树志向、学本事、创事业。对有子女之人，要帮其子女就学、就业。对身患残疾之人，要帮其申请援助，合理就业，妥善生活。总之，要尽量帮助所遇贫困之人走出困境，学好本领，找到出路，从自给自足，到自富自强，进而变成自富带他富，自强变群强。

其三，当知识富有之人，帮有志之士尽早圆梦。所谓知识富有之人，就是博览群书，善于领悟，干哪行成哪行的专家，既懂普通的道理，更精本专业的学问。同时，善于将知识传教给别人，也愿意将知识传教给别人。一个人的知识再渊博，但自私、保守、保留，知识也会变得无用。只有既有知识，又会运用知识，并将知识作为帮助他人成大事、圆梦想的人，才称得上真正的知识分子，真正的学问大家。用知识帮人，要重点放在渴望知识的人身上。如，想创业而缺知识的人，想"登峰"而缺知识的人，想"探海"而缺知识的人。因为这些人有强大的事业欲望作动力，有强烈的求知欲望作武器，自然对知识的运用就会效率倍增。作为一个富有知识的成功人士，无私地将知识传教给这些有志之士，就能帮助其很好地实现梦想，也使自己的知识发挥了更大的作用。

故，富有精神与物质之别，更有独富与群富之分。若将自富变他富是真富，若将自富独享用是假富。

第十八策　把自己当贤人，敬重他人

所谓"贤人"，就是既有德也有才的人，其好恶与人民大众一致，行事能顺应天道、地道、人道客观规律，处理问题能标本兼治，并能从根本上解决问题。看人客观准确，说话情理通达。处低位有抱负，处高位不失节。被人敬，被人爱。

一般而言，成功人士多半会把自己当成一个"角"，把自己当领导看、当老板看、当权威看，甚至会把自己当人尖看、当中心看、当老大看。如果这样，这个人看谁都不如自己，看谁都不顺眼，把谁都不会

当人，一切以个人的意志为主，一切以自己的感受为重，一切脱离别人的利益。久而久之，这种人就成了孤家寡人，成为众人怨恨的对象。反之，若能将自己当贤人看，在什么时候都以明亮的眼睛、睿智的头脑、善良的胸怀去看待别人，就会自觉地敬重他人，器重他人，重用他人，以至被他人视为贤达，敬为恩人，尊为伯乐，终身不忘。如何把自己当贤人去看人？其法如下。

其一，慧眼洞察，敬重贤明。一个人自己倘若有所成功并不算完美，若能用智慧的双眼洞察出所接触到的贤明之士，并能敬之、重之、学之，才是完美的，受人称道的。洞察贤明，不能只看其表面的声誉，核心是要看其才是否为大多数人谋利益，其德是否被大多数人所公认，被实践和时间检验是正确的。当我们遇到了这样的人，就要视为珍宝，学习他们的德才，效仿他们的行为，传道他们的理念，重视他们的教导。这样，久而久之，我们就会在潜移默化中自觉成为他们这种人，而同样受到别人的敬重与效仿，其意大伊。

其二，头敏脑睿，超然处世。所谓头敏脑睿，就是对任何事情要敏感，反应要快要准，同时用睿智的大脑进行周密客观的分析，判断事情的真伪与走向，作出适时有效的应对策略。所谓超然处世，就是能超出事物之外，超乎人与人之外，用高而远的方式，来处理事物和人际关系。如，当一件坏事发生了，不能只当坏事看，还要把它当好事看，因为事物只有利大于弊，或弊大于利，没有绝对的好或坏，有时还会互为转化。再如，一个人有其长，必有其短，我们只是学其长，避其短。还如，自己处事，与人无须过分争执，因为谨慎的沉默就是精明的回避；说话无须滔滔不绝，更不必抬高自己，因为言简意赅、谦虚大度会事半功倍；失败或吃亏时不抱怨别人，适度检讨自己，反而会使别人高看，以给自己更大的信任与支持。总之，超然处世是大智若愚，是高屋建瓴，是大气大成，更是厚德载物，人心所向。

其三，心善胸阔，海量待人。一个人心善就会热情大方、乐于助人、同情弱者、包容原谅他人。而一个人胸阔就会看大事、看大势、看全局，而不计较一时一事，一得一失。如果一个人同时具备这两点，就会容得下任何人，会尽力帮助所需要帮助的人。假如某个人曾经伤害过自己，但他已改过，而需要帮助时，

就要放弃前嫌，出手相助，变"敌"为"友"。当遇到
一个人能力很差，但上进心很强，就要帮其提高能力，
使其发挥应有的作用。当自己做一件事被大多数人反
对，而被实践证明反对错了，真理在自己手中，而且
被历史证明是正确的、是成功的。对待反对过自己的
人不要打击报复，而要原谅他们，帮助他们在事实面
前觉醒，走上正确的道路，齐心协力干大事。这就是
海量待人，也会被人海敬。

　　故，敬重百姓百姓胜天，敬重贤明自成贤明。得
天独厚益干大事，圣达贤明易获人心。

第七章
守成创新策

任何一个人或机构，一个地区或国家，能把一项事业做成功只是万里长征第一步，最艰难的是能守住事业并有所发展。同时，要守住事业就必须随着时代的变迁和事物的变化，而不断地进行体制革新、技术创新、人员更新。中国共产党从 1921 年成立，到 1949 年中华人民共和国成立用了二十八年。为了永葆人民江山稳固，从 1950 年到现在，中国共产党带领全国人民进行长达七十多年的艰苦探索，以及无数次的重大改革，才使中国从站起来到富起来，再从富起来到强起来，将来还要从强起来到美起来。古往今来的政治家、实业家的成功发展史，也都是与时俱进，方能欣欣向荣。历史经验证明，守成必须创新。如何守成创新？其法有三。

第十九策　坚守初心，思想与时俱进

每一个成功人士，最初都有一个好的想法。坚守初心就是要一直坚持最初的好想法，不随便改变意志和主意。初心也是不带任何成见的心。因此，坚守自己的本心，对生活对事业充满美好的希望，是其正确思想之源。有了这种源泉，思想就会与时俱进，就会自觉地始终站在时代前列和实践前沿，解放思想、实事求是、开拓进取，使自己的观念和行动与时代一起进步，不断发展。然而，现实生活中，往往有不少人的思想是僵化陈旧的，他们守残抱缺，不思进取，遇事总是凭经验固执己见，以至于所说的话，所做的事完全脱离客观现实，最终导致身败名裂、万事俱焚，成为世人的笑话，也成为历史的教训。怎么才能与时俱进？其法如下。

其一，不忘来时路，坚定前进心。每一个人都有自己的来路，每一项事业都有自己的出处。从何而来，往何而去，是每个人都不能忘记的根本。因为来路决定人的本心，来路记载人的历程，来路奠定人的能力，来路影响着前进的方向。忘记来路就是无本之木、无源之水，就会昏然无向、摇摇欲坠。所以每个人，特别是一时有所成功的人士千万不能忘记来时之路。不忘来时路的根本目的是坚定前进心。在前进路上肯定会碰到千难万险，有来时路上的经历和经验，我们就会心中有底，即使遇到史无前例的挑战和困难，也会根据客观形势的发展，处险不惊，随风操舵，化险为夷。实践证明，行万里路，经千次险，定能百折不挠。信心比黄金重要，信念比钢铁坚硬，信誉胜过千军万马。重信之师，雄心之帅，定能征服世间之壑。

其二，不减奋斗志，锤炼克难功。奋斗是事业的基础，意志是奋斗的动力。事业要发展，意志就必须增强。同时，在发展的过程中只有意志是远远不够的，必须根据时代的进步、事业的需要、困难的逼迫，苦练精修过硬的功夫。当我们遇到问题百思不得其解时，我们要研修政治、经济、哲学等理论，认识问题的本质，以解其惑。当我们在管理上出现漏洞，久堵不愈时，我们要研修法治、行政、管理等理论，追本溯源，因洞施策，以堵其漏。当我们在技术上遇到瓶颈时，我们要研修前沿的相关技术，攻坚超越替代技术，突破固有的逻辑技术，帮其升级换代、另道超越，以破其卡。总之，我们要志催奋，奋催业，业催功，功保成，成促新，以此循环，永葆常青。

其三，不落时代伍，勇当先锋兵。任何一个人的成功都是暂时的，犹如逆水行舟，不进则退。时代永远是滚滚向前的，人类社会的各项事业更是日新月异的。每一个时代的弄潮儿都必须奋斗拼搏，克难勇进，才能跟上时代的步伐。为此，我们必须研究时代进步每一过程中的特征、规律和要求，自觉努力地与之相适应。同时，在与时代共同前进的过程中，善于放弃一切不合时宜的东西，轻装上阵，机动灵活，抢占先机。只有这样才能成为时代的先锋，才能不负使命。

故，事业在日新月异，思想要与时俱进。不忘来路方知向，不减斗志才能达。

第二十策　稳定队伍，机制推陈出新

一个成功人士，在守成创新的过程中，最关键的是能做到稳定队伍。因为自己的想法再好，事业再伟大，没有人去做就根本不可能实现。稳定队伍，要做到稳定队伍的基本盘，也就是在过去的创业中立过大功的人，掌握核心技术的人，为自己拼过命的人，为事业熬白头的人。对于这些人，不能随意抛弃他们，更不能"狡兔死，走狗烹"，要依靠他们，重用他们。但在对他们的使用机制和方法上也不能一成不变，要不断创新。使其既能保障自己的事业发展，又能适应革新的机制与要求。不能单方面考虑，要统筹兼顾，发挥多重良性效应。如何将机制推陈出新？其法如下。

其一，比武竞职，将人放在最恰当的岗位上。稳定队伍，不是把所有的人都养起来，而是要通过合理的竞争机制，将人重新洗牌，使每一个人都能被安排到合适的岗位上，做到人尽其才，人尽其用。对进入老年的人，要将其放在参事、顾问的岗位上，使其发挥余热，不能一退了之。对有领导能力和统驭能力的人，要按将才、帅才分类，放在适当的位置上，使其各负其责、各尽所能。对于技术权威和骨干，要予其财，赋其任，令其标，使其有雄心、攻大坚、成大果。对普通职员要爱之切，赋其能，用其长，使人人想干事，并能干好事，各得其所。在用人的过程中，要懂得没有无能的兵，只有愚蠢的将。只要用人得法，每个人就能发挥出应有的作用。关键是用人不能偏心，不持成见，不用老眼光看人，要用发展的眼光看人。正所谓"士别三日，当刮目相看"。

其二，综合竞标，将事交给最适合的人去做。队伍的存在在于做事，把事交给哪个人去做，不能只凭感情、凭经验、凭固有的套路，而是要用科学的综合竞标方法，挑选最适合做某件事的人或单位。综合竞标的条件，首先是要有做某件事的能力（即资质、资金、技术、队伍等）。其次是要有做某件事的经验［即同业的业绩、产（作）品的等级、主管部门的评价等］。最后是要看做某件事的信誉［即是否出现过欺诈、投诉，是否出现过劣质产（作）品，是否出现过无故延期、恶意欠薪、偷税漏税、违规违法经营等］。在综合考虑上述条件的同时，在诸个竞标者中择优录用，并将录用结果公开公示，使中标者有压力、有监督；使其他的落选者心服口服。只有如此，在守成创新的征程中，才会事有能人做，做事树能人。

其三，科学考评，把功记在最有贡献的人头上。守成创新需要无数的人为之奋斗，虽然队伍中的每个人都有所贡献，但核心还是掌舵人、发明人和匠星。

对事业的某一项目或工程的掌舵人而言，要用科学考评机制，从事业创新、社会贡献、技术进步、利税增幅、职工福利、专业理论等诸方面进行测评，对佼佼者要给予名利重奖。对于事业的技术权威人士来讲，要对其科技项目的技术前沿、应用价值、科技含量、经济效益等方面进行测评，对其领先者要申报专利，呈报奖励，给予福利。对在事业中的学术、技术应用的匠星人物，要树其威、扬其名、予其利、传其徒。榜样的力量是无穷的，功臣的影响是巨大的。对有功者必赏，会促使更多的人立功，会促进事业更加繁荣。同时，要防止居功者自傲，居功者欺人，使其永葆本色、功高德重、正能赋人。

故，以人管人人难服，机制管人人自服。将事交给能人做，科学考评队伍活。

第二十一策　兴利除弊，事业更新换代

任何一项事业在历史的发展过程中，都会随着时代的进步而出现一些不利因素，针对不利因素进行改进或改良，有的可能会变成积极因素。而有些不利因素改进或改良不了，就会成为事业发展的障碍与弊端。

因此，在事业的发展面前要毫不犹豫地兴利除弊，勇敢地将影响事业发展的弊端革除掉。只有这样，才能保证既能守成，也能创新，并随着时代脚步适时更新换代。如 IT 创业，要随着互联网的发展，革除局域网时代的弊端，才能跟上市场的变化需求。而随着北斗产业的发展，移动通信的普及，智能技术的提升，IT 行业也必须革除互联网时代的弊端才能适应生存与发展。这就是"天有四季更新，业有五年换代"。如何更新换代？其法如下。

其一，研判技术成熟度，适时技术换代。世界上绝大多数事物的发展，是随着技术的发展而发展的。如石器时代的农业社会，电器时代的工业社会，信息化时代的知识社会，社会的每一次变革与进步都主要是技术进步所推动的。我们的事业要守成创新就必须掌握这一规律，适应这一规律，利用这一规律。因此，我们必须准确研判所从事事业的新技术成熟程度，科学综合抉择，适时进行技术换代。如，汽车制造行业，动力是核心技术，以前主要是靠燃油（汽油、柴油）作动力，既不环保，成本也高，资源也紧缺。现在试行以电池（包括各种技术的产品）作动力，以太阳能作动力，以墨子作动力，统称为新能源汽车，既环保，又便宜，还安全，且资源取之不尽。那么，在五花八门的新技术面前，哪种技术性价比最高，且成熟、安全、宜用，我们就要准确科学判断，适时采取技术换代，这就是"早不划算，迟会落后，适宜最好"。

其二，瞄准市场需求度，及时产品换代。消费决定市场，市场决定产品。任何一种产品都有其自身的生命周期，同时其兴衰也受市场波动的影响。市场既是有形的，也是无形的，它因消费者的喜好、经济承受能力的影响，同时也因政府宏观政策的调控（如金融、税收、计划、价格等）而变化。在这一过程中有些现象是明显的，有些是隐蔽的。我们在研判市场动向时一定要透过现象看本质，摸准市场变化的脉络，瞄准市场变化的趋向，对自己的产品进行及时调整和换代。如，服装制造商，在计划生育时期，独生子女多，童装量少、质高、款新、利高。而随着二孩、三孩政策的放开，童装则应款新、量大、质高、利大。同时，随着我国进入老年社会，成人服装则应该由西服、时尚装为主，改为休闲、适老装为主。其规律就是，社会随着人的变化而变化，产品随着社会的变化而变化，效益随着产品的变化而变化，事业随着效益的变化而变化。

其三，洞察行业趋向度，尽早项目换代。行业的优势是随着社会发展变化而不断变化的。如房地产行业，就整体行情而言，三十年前起步，二十年前繁荣，十年前饱和，五年前"鬼城"丛生，如今"烂尾楼"遍地。房地产商有的破产，有的倒闭，有的跳楼。当然，也有的调整得快，还活得不错，甚至很风光的。为什么同样是干房地产行业的，有的倒闭，有的还发展得不错呢？这就是适者生存法则，其结果好坏取决于抉择者对行业趋向洞察的深度、远度、高度和清晰度。这"四度"洞察的系数越高就越主动，且随机应变的举动越早就越有利。比如，当房地产业务萎缩时，其经营方向就应尽早向市政建设、乡村振兴方向调整，向生态建设、基础设施建设方面转型，使工程项目换代，使建设事业不断发展。这就是醒得早不如起得早，起得早不如见得早，见得早不如干得早。守成如此，创新如此，腾飞更是如此！

故，产品越新越先进，事业越久越厚沉。兴利除弊勤换代，守成创新一定行。

下篇　老年安康论

　　老年多指六十岁以上的人。一般而言，到了这个年龄，绝大多数人就会退休、退养，国家会发给一定的养老金以供生活所用。当然，国家的省以上高级领导干部、"两院"院士等就另当别论。还有民营企业主、农村的"留守老人"也另当别论。如，华为集团创始人任正非，八十有余也还在工作。农村的许多老人年过七十也还在下地干活。

　　老年人都有一些共同的特点：体能和精力普遍下降；事业和副业普遍交权；地位和待遇普遍降低；兴趣和爱好普遍减少；亲朋和好友逐渐淡化；思想和心态逐渐变化；言谈举止逐渐笨化。当然，也有返老还童的人，重蓬青春的人，还有经得老、不服老的人。

　　老年人的心态有多样。从性别上分，男和女的心态有同有异。同的是男女都具有老人共同的特质和期望，盼健康、盼平安、盼和谐、盼子女有出息、盼四世同堂。不同的是，男性老人的盼望侧重在家族有威望、在社会有尊重、在爱好上有满足；女性老人的盼望侧重在家有关怀、在周围有好友、在袋里有金钱。从职业上分也有所不同。从政从军的老人退下来后，往往期盼自己所从事过的事业能稳定发展，所同过事的人能平安、常联系；经商做工的人退下来后，往往期盼市场稳定，收入不减；种地务农的人退下来后，往往期盼风调雨顺、五谷丰登。从年龄段上分，年轻老人（六十岁至七十四岁）的期盼多数为想拥有生命的"第二春"，发挥优势，不浪费自己的智慧和资源，干一些政策允许、力所能及、对社会有用的事情；老老人（七十五岁至八十四岁）的期望绝大多数是身体健康、后人孝顺、家庭和睦；高龄老人（八十五岁以上）的期望是有个好的生活质量，身体不残疾，生活能自理，不在乎活长活短，康则长、残则短，不痛苦自己、不拖累后人、不浪费资源，一切随命而圆。

世界七彩缤纷，人间心态各异。纵观五洲风云，洞悉四海规律。人之老矣，唯安康是上也！这是因为人老了，首先是要安心、安身、安居，其次是要精神健康、身体健康、行为健康，最后才能保证自己快乐、家庭快乐、社会同乐！针对这一问题，本人研究了一些古今中外贤达能人的成长规律，分析了《史记》中重要人物的成败原因，吸收了《资治通鉴》和《资政史鉴》大型政论丛书中的有益观点。同时精读了众多领袖人物的传记及著作，特别是通读了关于习近平总书记不同时期成长经历的专著，精读了《习近平谈治国理政》一至四卷等著作。此外，还博览了当今许多成功人士的奋斗史、修身论。在此基础上，本人通过自身的实践与感悟，写了关于老年安康问题的如下九章二十七论，以供朋友共勉，并教之。

第一章
论放下非想以安心

　　人生有不同的阶段，进入老年以后，其思想就要与老年的生活环境、社会规律、自身条件相吻合。也就是在事业上不要有离谱的妄想，在物质上不要有过高的幻想，在生活上不要有失秩的梦想。不在其位，还谋其政，往往会影响继任者的抉择和实际工作。一个人老了或退休了，创造物质的能力自然就差了，因为地位变了，人脉少了，行为限了，机遇没了，若在物质上还有过高的幻想，不仅实现不了，甚至会触碰"红线"，毁灭人生。人的生活要符合时秩和身份。人老了若还想跟年轻人一样去生活，装嫩、装俏，不仅起不到好的效果，反而会弄巧成拙，丢人现眼。如果一个人想入非非，就会麻烦多多，继而心神不安。反之，就会心净、心静，进而就会有心境。如何做到放下非想，实现心净、心静、心境？其法有三。

第一论　除尽尘埃清空欲，方能心净河山明

一个人风风雨雨大半辈子，难免会染上一些浮尘和浊水，掺杂一些杂念和私欲。出现这些现象很自然也不可怕，可怕的是人老了、退休了，还被浮尘遮眼、浊水缠身、杂念袭扰、私欲所困。故，除尽尘埃清空欲，方能心净河山明。"净"，好像是一朵青莲，出淤泥而不染。"净"，好像是一片白月光，清清白白落心间。"净"，好像是苏东坡的"小舟从此逝，江海寄余生"。人生，最难得的是千帆过尽，心亦纯净。干净，是一种让人舒服的气质。一个人的干净，不仅有干净的外表，更有干净的内心，还有干净的圈子。这就是身上无尘心自安。如何做到这一点，其法如下。

其一，三省吾身，清空心中杂念。一个人心中的非分之想，有时是明显的，有时是不自觉的，这就需要三省吾身，反复检查自己是否存在各种杂念。如，人已退休了，还惦记着在位时的荣光；业已交权了，还指望别人听你指挥；事已过时了，还陶醉在往昔不能自拔；别人早已超过自己了，还指望别人毕恭毕敬；宴席早已解散了，还渴望推杯换盏；身体早不如从前了，还指望人前称雄；囊中早已羞涩了，还想打肿脸充胖子；朋友早已不是了，还怨别人不义气……上述这些几乎都是不实之想。若想多了就会心烦意乱，想深了就会失眠失态。因此，必须痛下决心，丢掉一切幻想。没有幻想了，心就净了，人也轻松了，状态也正常了。然而，要清空心中的幻想与杂念，并非一朝一夕之易事，既要坚定意志，也要有科学的方法。在意志上要坚信清空幻想与杂念的好处，并深信完全能够做到。在方法上做到：若有某种幻想的念头，就将这种幻想向相反的方向推想一下，以利其止；若有某种杂念纠心，就推演一下"试水"的结果，以鉴其止；若有某种恶欲膨胀，就看其反面典型的悲剧，以融其止。如能长期笃信砺心，定能清空幻想和杂念。

其二，拂风沐雨，除尽身上尘埃。老实地讲，我们生活在这个世界，每个人身上都不可能没有世俗的尘埃。当然，不同的人，沾染的尘埃有多有少，其危害也有深有浅。当然这里所说的"尘埃"，更多的是精神和政治意义上的。如，有的人本是光彩照人的，但不小心惹是生非蒙羞了；有的人本身就不太干净，却肆无忌惮变本加厉了；有的人已经得了"矽肺病"，还冒险探雷报废了。除尘要防微杜渐、久久为功、锲而不舍。最管用的方法就是拂风沐雨。"拂风"就是用优良的党风、政风、民风经常警示教育自己，以拂浮尘。"沐雨"就是细心体会党的关怀、国家的优待、贵人的恩情，以润心灵。只要坚持做到勤"拂尘"、常"沐雨"，定会身洁人净。

其三，登高望远，净化"圈子"空气。唐代诗人杜甫"会当凌绝顶，一览众山小"的诗句，抒发了很多人的真实情感。的确，一个人如果老站在原来的位置上看东西、想问题，就会受到许多局限。站高了才能看得更远，站高了才能呼吸更清新的空气，站高了才能冲破一些老"圈子"的禁锢或攀比。当一个人老了，"圈子"里少不了有些人攀张三比李四，羡王五慕陈六，骂周七怨吴八，阴郑九害梅十。面对一些稀奇古怪、虚情假意、阴行毒招，我们只有站得高才能识得破，看得清才能心里明，心里明才觉山河靓。故，出圈登高去净心，满目山河尽是春。心旷神怡忘百事，万千非绪穷陆径。所以，我们每个人既要珍惜自己的"圈子"，也要冲出自己的"圈子"，净化自己的"圈子"，改善自己的"圈子"。做到在圈内吸正能、纳良液，在圈外欣风光，赏美景。

人上有人，山外有山。阅人无数，览山万千。学思践悟，感慨心间。也即是：心底无私天地宽，身上无尘人自艳。眼前无碍视野广，周围无害寿命长。江山代代人才出，世间刻刻贤良在。草木一秋扮大地，人生无瑕耀景球。

第二论　包容万物赏彩云，自然心静渡迷津

一个人每天都会看见许多的景和像，听见不绝的声和音，也可能会碰上几个不如意的人和事。如果一个人的格局小，碰到不称心如意的东西，就会心烦、意乱、生恨、结怨，继而失常、失态、失能、失身。这些情绪主要是受外界的影响而产生的，如，看到自然界的奇形怪状，心中就会乱云飞渡；看到社会上的不三不四，心中就会愤愤不平；遇到周围的人对自己不恭不敬，口中就会骂骂咧咧；遇到家人不顺己意，

嘴上就会唠唠叨叨。导致这一现象的主要原因是包容性太差。若能包容万物赏彩云，就会自然心静渡迷津。为什么"将军额上能跑马，宰相肚里能撑船"，主要是他们历经千难万险，饱尝严冬风霜，最终才拥荣华富贵，享尽人间之乐。阅历增长智慧，风霜历练驭力。荣华考验城府，欢乐体现人品。所有这些都归集于一个字，这个字就是"静"。"静"会冷眼向洋看世界，一切尽在吾心中；"静"是内心的宁静，乱云飞渡仍从容；"静"是坚强的定力，五洲震荡心似铁；"静"能乱中生智，在广袤喧嚣的世间里巧渡迷津。

一个人静得下来，才会聪明起来。聪明了就不会遇事一根筋，就会有很多的办法解套，使自己轻松起来。聪明了就会主动改造自己，努力去适应不同的环境。聪明了就会不断拓展人生的出路，走出阴森险道，到达理想的港湾。那么，如何使人静下来，聪明起来？其法如下。

其一，寻真处幽，变超常为自然。一个人在世上摸爬滚打、漂泊浪荡、花天酒地搞长了，往往会迷失自己，本值三文钱，却装财大气粗、达官贵人，对周围的人谁都看不惯，横挑鼻子竖挑眼。若是这种人，就需要寻璞归真，也就是还原人的本质，是宝则宝待，是草则草处。要还原人的本质，就需要找到一个幽静的环境，使心灵宁静下来。一个人内心安静了，就会不争不抢，不卑不亢，不装不作，就会变超常为自然。在纷繁的世界里，应找到属于自己的位置，友好地与自己相处，既不打扰别人的生活，也不被别人扰乱自己的节奏。也许在静院信步，也许在书中博览，也许在手机游戏，也许在溪旁徜徉……自然会静气而生。一颗宁静的心，定能跳脱名利的束缚，流言的袭扰，虚荣的侵害。一个人真心回归了自然，就会受到自然的保护和钟爱。风兮、雨兮、霜兮，一孔山洞，就会将你遮挡得严严实实；妖狐、豺狼、烈豹，一棵大树，就会保护你高枕无忧。同时，当你渴了，她会送你甘泉，当你饿了，她会送你山珍，当你累了，她会送你凉亭。真可谓，寻得青山在，自然有幽景。

其二，将心比心，化干戈为玉帛。人世间没有无缘无故的爱，也没有无缘无故的恨，都是由缘而起，由故而生。然而，爱恨一瞬间，会随着外界因素以及心理的变化而变化。当一个人对某件事或某个人很生气、很愤怒，甚至想办法报复，或者正在报复过程中，这个时候要先冷静下来，站在对方的角度看问题，或者把自己当作对方来处理问题，很可能很快便理解对方了，原谅对方了，并且会为自己的鲁莽而后悔，这就是将心比心的作用。当一个人做到这一点，就会消除对他人的误解、怨恨，就会化干戈为玉帛，就会赢得对方的尊重与爱戴，就会为自己获得更多的宁静与快感。这就是，让一寸，心安理得，退一步，海阔天空。故，心欲静，必先仁；予人宽，己才宽。息干戈，获玉帛；赠善美，得奇缘。

其三，陶情养性，学大智为若愚。世事往往不以人的意志为转移，树欲静而风不止。比如，你想在深山求清静，却有人在你旁边乱折腾；你得理又让人，他却无理闹三分；我本将心托明月，谁知明月照沟渠；我本无意苦争春，他却寒冬劲放芬……每每遇到这些，就需要我们陶情养性，自然冲消。当大风起兮云飞扬，我便醉卧沙场君莫笑；当有心栽花花不开，便去插柳柳成荫；当琴棋书画无长进，便捏泥土塑寸心。这样既不会与人对抗，也展现了自己的风采，抚慰了自己的心灵。这样看似妥协，实为赢家，实为高人。这样表象愚笨，实则聪明，囊括四野。这就是大智若愚，高艺隐身。倘若如此，定能胸藏千沟万壑，笑纳春夏秋冬；穿越古往今来，把握天规地律。

第三论　笑谈千古珍惜今，无量心境享人生

人类社会英雄辈出，豪杰遍地。但正如苏东坡所说"浪淘尽千古风流人物"，也正如毛泽东所说"数风流人物，还看今朝"。古代君王拥九五之尊，握倾天之权，享三宫六院，威四面八方，但不如今天的人民公仆，心系大众，福洒人间，民戴胜天，真心拥护。过去的地主老财，良田万顷，豪宅百栋，穿绫罗绸缎，吃山珍海味，但不如今天的普通市民。因为他未乘过飞机，坐过高铁，玩过手机。每当想想这些，心境就会宽广。心旷就会神怡。这是因为，"境"，如深谷幽兰，静吐芬芳，不管有没有人来观赏，她仍会守着一方天地，静静地绽放属于自己的风华；"境"由心生，物随心转，红雨随心翻作浪，青山着意化为桥，不同的阅历感悟，就会有不同的心境；"境"是四时流转磨砺的结晶，冷而不言，热而不语，困而不惑，惊而不乱，任尔东西南北风，我自岿然不动；"境"是希望的灯塔，欲福如东海，寿比南山，就必须心怀善意，脑

现愿景，静候佳音。一个人境界宽了，一切就都会看开了，就会放下令自己烦心的杂念，排除外来不断的干扰，寻找眼前快乐的事情，做到笑谈千古珍惜今，无量心境享人生。如何达到这一境界？只要按如下想法去生活，就不难实现。

其一，人物浪淘尽，庆幸生在今。遥想当年，千古风流人物都曾各领风骚，但在历史的长河里，却被无情地淘尽。唯有辛弃疾的"我见青山多妩媚，料青山见我应如是"和"不恨古人吾不见，恨古人不见吾狂耳"这几句令人受用。一个人会欣赏今天，就会享受今天，更会庆幸今天。庆幸当今盛世，就觉不枉此生；庆幸挚友浓情，就会惜时如金；庆幸生活多彩，就感百味生津。心存庆幸，就会学会感恩。感恩父母的生育培养，感恩时代的影响造化，感恩大自然的阳光雨露，感恩自己的努力成就。如此，我们每个人就会觉得活得心安，活得有劲，活得滋润。故，日月轮回世事新，风流人物谁比今？坐地日行八万里，倚天遥看万事轻！

其二，山河古逊今，入画伴君行。自从盘古开天地，山河越来越秀丽。这是因为，山因日积月累而土厚，植因土深肥沃而俊美；河因水川流不息而宽广，岸因水阔天空而雄伟。山河不仅依旧在，而是更加美。在山河巨变的进程中，有大自然的鬼斧神工，更有人类文明的改天换地。有时候水冲泽现，有时候人定胜天。因天时、地利、人和，自有江山、社稷、神阁。有君亲、汝爱、情合，就会且行、且惜、路阔。故，山河古逊今，入画伴君行。情深且同往，一路歌倾馨。亦，万山花锦绣，千河竞风流。乘风览春光，驾舟穿秋游。然，日暮群山远，夜抱美梦眠。相逢即是缘，随缘才亦圆。

其三，生活今胜昔，幸福美满兮。生活是什么？生活是人类为了生存和发展而进行的各种行为；生活是人类对美好愿景和高尚理念的追求；生活是柴米油盐酱醋茶的百宴席；生活是七情六欲五色的调和剂；生活还是喜怒哀乐甘苦的万花筒。纵横阡陌，抚今追昔，生活虽有千种色，还是眼前最适宜；生活虽有百种味，还是时兴最耐品。这是因为，天上的月虽美，但触手不可及；跑了的鱼再大，也不能烹饪为佳肴吃。只有信手拈花随伴行，竟欲睡觉枕伴眠，这样感觉是美妙的，舒服的。故，生活今胜昔，幸福美满兮！放弃过去的，珍惜眼前的。亦，景是时下美，人是身旁亲；情由爱中产，意由心中生。然，不以昔为念，勿以空作愿；就材做菜饭，快活似神仙！

一个人，无论是饱经风霜，历经坎坷，还是大任在身，顶天立地。当我们老了，我们就要学会放下了，放下不实的非分之想，放下曾经的优越感，放下过时的桂冠和外衣。学会"清零"，不被往事所困，不被空想误导。只有这样，一个人在世间摸爬滚打，经历曲折和困苦，或者是享受大红大紫、大富大贵之后，才能活得通透自如，才会心净如水，心静若禅，心境容天。当我们以清净的心看世界，以欢喜的心过生活，以平常的心生情趣，以柔软的心除挂碍。我们就会任凭岁月变幻，世事曲折，我亦坦荡从容。故，世界平凡亦非凡，人生漫长也短暂。绿柳红尘走一遍，轻歌曼舞心不烦。

第二章
论切割无关以安身

　　所谓切割，其本意是将某一物体用器具分开。本文所说的切割主要是指与某种事物或人际关系的分开。如，某件事有悖伦理和国法，不能参与，若已参与，需赶快切割干净；某个人唯利是图，不择手段，莫与他合作，若已合作应尽快切割；某个人阴险毒辣，对其有所怨恨，现在他已自食其果了，那就原谅他吧，切割所恨。这些都是与别人切割。还有一种切割就是与自己切割。如，与自己的某段历史、某件事情、某种思念、某种情分、某次失败相切割。切割有一个原则，就是切掉消极的、负能量的、影响身心健康的东西，而且已经是无关紧要的，千万不能将相关的、重要的、不可或缺的东西切割了。将该切的东西大胆及时地切割，利大于弊，甚至是有利无害。身上长了肿瘤，将其切除就阻断了恶病的扩散。与一个人没有事业关系，且当年风马牛不相及，将其切割就会扩大心中的"内存"。当年想着或恋着某个人，现已各有所归、自有其乐，将其切割，于他（她）好，于己安。当年干成某件热点大事，现已事冷人散，将其切割，不傲功，自淡然。当年做过某件违心的事，说过某些敷衍的话，只要不是恶意所为，将其切割，就会坦然自若。诚然，切割并非易事。与事切割，事会有"余震"，不小心会伤到自己。与人切割，人会有"反弹"，不小心会碰到自己。与怨相切割，怨会有"毒素"，不小心会诱发新仇。与自己的毛病切割，毛病连筋带骨，肯定疼痛不已。但是，刮骨才能疗毒，猛药方能去疴。还有一剂良药，就是"糊涂"。糊涂是什么？糊涂，是看透不说透，成竹在胸；糊涂，是一种洞察，幸福就藏在其中；糊涂，是一种大度，减少了恩怨纠葛，增强了自由自在；糊涂，是一种睿智，切中了时弊要害，割断了情网事态。故，有了刮骨的勇气、糊涂这一良药，何愁疴不去，岂能身不安。如何切割无关？其法有三。

第四论　不在其位不举谋，有事无事方能清

谋，都有一个前提，那就是为谁谋。一个人不论从事什么职业，都有一个为主所谋、为职所谋、为己所谋的问题。往往为主所谋就是为职所谋，所谋之事多谓政也！也就是职位之责的政务、公务和事务。不论干哪一行，位级高低都是如此。在其位谋其政，是天经地义，理所当然。然而，若离职了，退休了，最好就不要再谋原职之政了。这是因为，为官一任，造福一方。一任有一任的责任，一任有一任的方略，一任有一任的风采。不在其位，就不一定跟得上步伐，就不容易协调一致。同理，不在其位，也不要过问他人之事，特别是过去同事的事。因为各为其主，各司其事，若你问了，别人不说不好，说了对自己可能就是个麻烦，如果某事未成，别人就会怀疑你坏了他的事，记恨或报复于你。另外，智者千虑，难免一失，阅人无数，总有几个看错，日理万机，也会有些不妥。过去的事就让它过去，尤其是对待一些失误或失败，

若不是非弥补不可，就尽量不要想起它，更不要寻找机会去弥补。这是因为事因时而起，失因势而至，时过境迁，再逆时违势而为，只会劳命伤财，事与愿违。如何避免上述错误行为，永保自己清白？其法如下。

其一，不是所问，不谋原职之政。所谓"不是所问"，就是你原就职单位的人，不是有十分重要的事需要问你，或是了解情况，或者需要你配合或帮忙，一般情况下，就不要谋划，或者干预原单位的事。这样做的好处是，不以自己的观点影响别人，不以自己的片面误导别人，因为过去与现在信息是不对称的，其应对策略和处事方法是不一致的。除此之外，倘若遇到别出心裁的人、标新立异的人、唯我独尊的人，你说得越对，他越反感，你若说得不妥他会借此攻击，甚至把他的失误或失败归咎在你身上。历史上不乏这样的人，现实中也不少见这样的人。当然，当别人真心相问，虚心请教，那也应该如实相告，稳妥答复，巧抒己见。故，世上哪人不求人，哪人何尝未被求。不是吝惜三分智，而是职场变化多。

其二，不是所求，不问他人之事。所谓"不是所求"，就是不是对方真心向你倾诉，或者因某事需要你帮忙而向你告知缘由。一般而言，人老了，退休了，不应主动打听、寻问别人的事。这主要是因为，一方面，自己的能力有限，知道别人有事，也帮不了别人的忙，觉得心里不安。另一方面，当别人有事，不但帮不了别人的忙，还容易引起别人的伤痛，等于在别人伤口上撒盐，让其更痛。再就是每个人都有自己的隐私和秘密，一旦知道了别人的秘密就等于多背一个"炸弹"，稍有不慎就容易引爆，伤及自己。当然，遇到别人有事而真心相告，并希望你帮忙或安慰时，那也应该以诚相待，设身处地替人着想，帮人所困，解人所难。该不该问，缘在对方一个"真"字。故，两耳少闻他人事，即是密友也当心！世事纷繁千头绪，不解其中慎评析。

其三，不是所需，不弥自己之失。所谓"不是所需"，就是非不得已而为之，能不为则不为，需为之则慎之。这是因为，当时某件事，本应该能做好，却因大意而失误，现在想去弥补，但此时非彼时，今力非往力，再慎事亦未可成，即成也过时，没有实际价值。再之，如果当时某件事是因为局势所迫而失败，就更没有必要去弥补了。这是因为，失败可能是成功之母，失败可能是成长之福，失败可使人大器晚成。当一个人老了，退休了，不应对失误，或失败耿耿于怀，而应知耻而后勇，弃失而索新。当然，如果某些失误非弥之不可，那么得重新审视，据实而为，只还其愿，不还其形，只求似之，宁可高之，不可复之。故，长江后浪推前浪，浪浪皆有石卷进。任其自然不较劲，护坡坚底更显情。

第五论　天若有情天亦老，只缘人间赏芳草

蹉跎岁月，天若有情天亦老，何况凡人，岂有不老之理。"岁月"是什么？岁月，是人风雨兼程，满怀沧桑的经历；岁月，是人拨云见日，柳暗花明的喜悦；岁月，是人身处迟暮，领悟恨晚的惆怅。老，是一种自然规律；老，是一个人的成熟；老，是一种心愿的了却。一个人在变老的过程中，最高超的智慧就是善于割舍。割舍恋而不获的人，割舍思而难还的情，割舍深埋心间的恨。割舍是一种霸气，也是一门学问。割是切除腐朽的东西，保留美好的东西；割是剪枝修叶，让鲜花更加香艳；割是清除生活的障碍，让余生走得更好更稳。

人的天性是爱美，然而，人生最美，是相遇！相遇，是天空里的一片云，偶尔投影在你的波心；相遇，是命中的人，第一印象在心中的烙印；相遇，是一种缘，你温暖了他（她），她（他）成就了你。人生最美是相遇，人生最暖是相惜，人生最贵是相知，人生最难是相处。当一个人拥有这些，享受了这些，自然就会顿觉：姹紫嫣红满目春，踏春赏绿尽是人。众里寻他千百度，突然伊人钻进心。从此花海不掂花，身处闹市若无人。越尽千丘心不恋，只缘汝胜泰山嫔。这是一个人的魅力，也是一个人的情怀。如何达到此步？需要深刻领悟如下含义。

其一，年年花相似，莫望人亦同。大自然与人共存，但各有其生活规律。鲜花年年盛开，岁岁形状相似，而人虽岁岁相逢，年年容貌却不一样，一年比一年老去。我们不能指望一个人长生不老，永远如花似玉。然而，老去的只是人的容颜，似花的却是人的心灵，只要心灵不变，人就是美的。彼此信任是一种美，同甘共苦是一种美，互谅互让也是一种美，诚恳和友善批评更是一种美。这些美值得珍藏值得品味。诚然，现实生活中也有一种现象，即，同床异梦，若到如此地步，不如互成其愿。故，年年花相似，岁岁人不同。心同似花艳，不同也无妨！

其二，季季花各异，自有人称心。春夏秋冬，四季分明，其气候特点，也决定了花有各异。春天，风和日丽，百花齐放，唯，兰花、海棠花、迎春花，更为秀丽；夏天，艳阳高照，奇花竞艳，唯，荷花、紫薇花、绣球花，淡雅可爱；秋天，天高气爽，鲜花献美，唯，桂花、菊花、长寿花，婀娜柔媚；冬天，风劲雪皑，寒花傲骨，唯，梅花、君子兰、水仙花，清香迷人。一年四季，其花何异？主要是因土壤和气候不同而不同，这就是"橘生淮南则为橘，生于淮北则为枳"的缘故。其实，萝卜白菜，各有所爱，花有不同，各有所宠。所以，我们每个人都不要只凭自己的爱好去看世界，继而对张三看不惯，对李四不顺眼，既破坏了与人的关系，也气坏了自己的身体。学会珍惜自己的，欣赏别人的，爱护共有的。只有这样，我们才能四季皆乐，处处安身。故，四季花各异，只求各自馨。赏花人不同，独栽自称心。走遍万山路，到处花吸睛。心仪与花伴，意无让他钦。

其三，日日有花谢，化泥润草芬。花开终有花谢时，花谢终有花开期。一年三百六十日，有开有谢是周期。不论是年年相似的花，还是四季各异的花，都逃不脱这一规律。花自知，人亦知。花开尽吐芬，赏花尽倾情。不枉一季春，不负花之心。这就是为花者的姿态，也是护花者的情操。然而，当花落尽，也无须伤感。因为，今天的花会变成明天的泥，润泽着来日的一方清香。作为一个人，都曾光艳过。在那个时候，自己很荣幸，也很骄傲。作为他人，也曾为你点赞，也曾为你动心。不过人一天一天在衰老，同时也在为后人的成长每时每刻在奉献，一代一代皆如此，循环往复不停歇。这种接力是一道道风景，这种自觉是一重重情怀。当我们穿越了这一道道美景，感受了这一重重浓情，我们就会豁然开朗。故，日日有花谢，天天有花开。来得静悄悄，去得轻飘飘。静，是让人惊喜，轻，是使人放心。然，花开护佳容，花落掩风流。护得俊悄悄，掩得香不消。护，是让花受宠，掩，是使香永留。

第六论　是非成败转头空，切碍割患栖宁中

按照社会科学的一般原理看问题，是，就是正确的，非，就是错误的，成，就是有益的，败，就是无

益的，或者是有害的。然而，按照辩证唯物主义和历史唯物主义的方法看问题，往往就没有这么绝对了。今天的是，可能是明天的非，反之，亦然。今天的成可能蕴含着明天的败，今天的败可能奠定着明天的成。无论是非成败，都不能以静止的、绝对的观点去看待，应该以发展的、相对的世界观去看待问题。对一个人来讲，最多能活一百余年，而从懂得干事到退休这个阶段最多也只有四十多年。是非成败，在当时显得重要，但四十年过去后，一切可能都不那么重要了，一转头就好像空空如也。对一个人而言，退休后，"是非成败"已经都过去了，没有必要再当包袱背着。不仅如此，还要下决心切除不必要的挂碍，割掉深藏已久的隐痛。一句话，就是不要太在乎。太在乎，是一种纠结，有些事你越在乎就越烦恼，有些人你越在乎就越痛苦；当你不在乎了就会自动释然。太在乎，是一种负担，你越在乎别人的眼光，你就好像被万夫所指，你越在乎某种得失，你就好像背负三座大山；当你不在乎这些了，其实什么压力都没有了。太在乎，是一种病态，你越在乎某种怨恨，你的反应就会越痴傻，你越在乎某些面子，你的举止可能越愚蠢。故，是非成败转头空，喜怒哀乐一时中。荡涤心头尘和怪，雨后夕阳放彩虹。如何践行？其法如下。

其一，三年河西四年东，任尔东西南北风。过去，因生产力水平低下，一些事情可能是"三十年河东，三十年河西"，而今，科学技术和生产力突飞猛进，自然就成了"三年河东，四年河西"，甚至是三个月、三天就倒个过的。如果一个人只念着"河东"的势去考虑一切问题，当某天到了"河西"就会茫然无助，惊慌失措。当你身置"河东"时，经常到"河西"去走走，去看看，一旦置身"河西"，自然就会适应了。那么，究竟哪天到"河东"，哪天到"河西"，这要受很多客观因素的影响。正确的态度是：任尔东西南北风，我乃稳坐渡船中。哪方有客哪方去，成人之美任西东。这是一种心态，更是一种本领，学会在哪座山唱哪支歌，到什么时享什么乐。只有这样，我们才不会纠结太多，在乎太多，才能安身赏景，怡享天年。故，昔日住河西，未知对岸奇。今成对岸人，顿觉景胜昔。

其二，隔日刮目另相看，何须刻怨在心间。生活中，一个人年少无知时，可能说了一些大不敬的话，让人生厌。一个人在饥寒交迫时，可能偷了别人的"宝贝"，让人喊打。一个人高高在上时，可能无视他人，说了些武断绝对的话，让人生怨。一个人日进斗金时，可能管不住自己，做了可耻的事，让人鄙视。还有的人为了争名夺利，不择手段，陷害他人，让人仇恨。等等这些现象，都不是一成不变的。古人说，"士别三日，当刮目相看"。今天应该说隔日刮目另相看。昨日的浪子，今日成了"金不换"的大有人在。同时也有在他律下变好变善的，这说明人是在不断变化的。所以我们不要以老眼光看人。尤其对伤害过自己的人，也要用发展的眼光看待，愿其所良，乐见其善。即使对那些没有变化，或变化不大的人，也要抱着期望的眼光去看待。若可期，则悦之，反之，则去之。总之，不必为此伤神。故，人在事中变，怨在时中消。皆从好处看，何愁不逍遥。

其三，一笑方能泯恩仇，岂让无关挂心头。古人都能做到一笑泯恩仇，今天的我们更应该开朗豁达。一生中，无论是工作上，还是生活中，总会因各种矛盾与他人产生仇恨。如，你谈成了一笔生意，被别人从背后搞黄了，当时肯定不爽。你好不容易等到提拔了，被别人诬陷落榜了，心头肯定生怨。你生活本来很平

静，被别人搅得天翻地覆，心中肯定如临大敌。等等
这些都已过去了，有些事还因祸得福，有些事还逼自
己变聪明了，有些事还使自己变得更强大了。这不是
应该感谢当年的某个人吗？为什么还要抱怨不放，折
磨自己呢？即使当年的某个人确实很坏，至今也不肯
悔改，但他已无关紧要了，也影响不了你什么，最多
不见就是了。故，一生相关人无数，老有三五便知足。
纵有当年仇和恨，今已无关岂挂心。

　　总之，人海茫茫，相逢多多，相知几何？相隙难
免！相逢者，匆匆过。相知者，诚相待。相隙者，各
自行。人老了，退休了，一定要变好。不多事，不生
事，不怕事。不计较，不攀比，不巴结，更不要寻愁
觅恨。不念苦，不记仇，不把负能量带给社会和子女。
因为，我们这个年龄已不仅仅是为活着而活着，而是
为我们存在的价值而活着。只有这样想，这样做，我
们才能既安心，更安身，才能随遇而安，笑对人生。
故，人生六十方觉小，犹如大地一棵草。随机而生随
季了，老天再好只一笑。亦，谁知寸草心，报得三春
晖。群草绿大地，同心映天惠。然，金木水火土，各
属其星随。发挥其所能，自得其安身。

第三章
论静守简舍以安居

　　每逢佳节倍思亲，思亲最重要的希望是亲人岁月静好。静好的条件包括有一个清静的环境，有一个简朴的住所，有一个安宁的心境。有人说，人老了，能住在豪华的别墅里是最开心的。其实不然，房因豪华而复杂，心因复杂而不宁。有人说，春夏秋冬，各有一处豪宅就太好了。其实也不然，人只有经历春夏秋冬不同的气候才能增强适应能力和免疫能力，长期在一个过于舒适的环境里，不利于人的健康。有人说，房不求大，但求装得华丽。其实更不然，空间小而华丽，往往甲醛更容易超标。房间的大小可视情况而定，但一定要简装为好。从心理上讲，正如《陋室铭》所说"山不在高，有仙则名。水不在深，有龙则灵。斯是陋室，惟吾德馨"。从经济上讲，简舍可以节省很多金钱。从精力上讲，简舍可以减少很多护理时间。从健康上讲，简舍可以减少很多有害物体的侵害。同时，简是一种道德高尚的表现，简是党和国家倡导的风尚，简是和谐人际关系的纽带，简是解放自己的神器。简可以归真，简可以觅静，简可以增辉。故，大道至简，大靖由简，大智若简，大安必简。如何践简，其法有三。

第七论 大道至简，从简为上

静守简舍，或者说乐守简舍，首先是要懂得简的好处，在思想上养成以简为荣，以简为上，从简自得的习惯。古人曰，大道至简，也就是说，大道理、基本原理、根本法则、应用公式等，都是极其简单的。

从简是一种风尚，更是一种能力。说话能一句表达清楚的是高才，扬万言说不清楚的是庸才。干某活一小时能干完的是能人，一天还干不完的是蠢人，再加班还干不完的是废人。崇简是一种品德，更是一种价值。用简易方法、一百元的成本能解决某种需要，就不要用一千元去解决，甚至用一万元还解决不了其所需要的，这既是一种浪费，更是一种贬值。现实生活中，有些人喜欢把简单的事搞复杂，搞烦琐，搞得一般人看不懂，学不了，做不成，还自以为有学问。还有的人做事情故意弃简求繁，从中渔利，沽名钓誉，这些都是不可取的。为人，特别是过了六十岁以上的老人，应该以"从简为上，践简为荣。简中求宁，简中求乐"。如何做到，其法如下。

其一，深入浅出，凡事用简表达。在现实生活中，无论是做学问，还是与人日常交流，都要努力做到深入浅出。再深的道理，能用一句，或几句话表达出来是最好不过的。如，劝人努力学习，用"少壮不努力，老大徒伤悲"。劝人奋进，用"逆水行舟，不进则退"。再如，自己要总结一段时间或一个时期的工作，若用陈述性的语言，可能要写几万字，若用概括性的语言，可能就几句话，而且好记。比如，"今年的工作取得了突破性进展，精神文明晋级，物质文明提档，内部建设加强，外部环境改善，全员收入增长三成以上等"。还如，自己要做一件复杂而重大的事情，别人想了解其然，若属保密事项，则用"暂时保密，待成再告"，若不需保密，又需要尽早对外透露信息，可用"我有重大活动，敬请及时关注"。另外，各大机关有《简报》，各大媒体有《简讯》，且内容越简，领导越重视。故，简生快，反应迅速；简易活，留有余地；简主动，因变而宜；简为上，先声夺人。

其二，去伪存真，谋事以简为要。所谓"真传一句话，假传万卷书"，说明求简必须去伪存真。说一句真话可能只需几个字，说一句假话，却得用无数的谎话去自圆其说。问题是有时候用再多的谎话也难把假的说成真的。这就要求我们在谋事时必须真谋事，谋真事。倘若事是真的，其说法和做法就要尽量简单，以简为要。汇报拟提要，计划写纲要，议事写纪要，说话讲要点，处事抓要害，宣传占要闻。因为"要"直白简单，虚伪的东西藏不住。因为"要"显而易见，与人沟通效率高。因为"要"直抒胸臆，容易得到别人的尊重。故，"简"是"要"的形式，"要"是"简"的必然。"简""要"融合，是至尊之和。"简""要"贯通，是制胜之宝。

其三，珍时惜金，做事求简而成。简节时，简省金。珍时惜金，是做事之原则，能用最短的时间、最少的钱，办成希望的事，是大多数人的成功之道。要做到这一点，基本法则就是"简"。做事"简"的基本要求就是：形式能简则简，程序能简则简；成本能减则减，时间能减则减；作风能俭则俭，生活能俭则俭；应酬能剪则剪，麻烦能剪则剪。如果我们能做到"简减俭剪"，我们就会静心做事，就会专心做事，就会全心做事，何愁事不成！如果我们能做到"简减俭剪"，我们就会事半功倍，就会事事皆成，就会美誉八方，岂不成大事！故，简生明，明增威。减生效，效添辉。俭生富，富甲方。剪生智，智取天。

第八论　大靖由简，习简造福

人老求靖，而靖由简来。习简即靖，习简造福。然而，培养靖简的习惯并非易事。说话要简单，就要精心提炼，不能信口开河。做事要简单，就要认真准备，不能随随便便。生活要简单，就要周密计划，不能简而生乱。特别是追求"大靖"的生活方式，就更应该养成从简至上的习惯。所谓"大靖"，就是安静、平安，敬人、人敬，井然、自信。这是因为，只有安静、平安，才能有心享福；只有敬人、人敬，才能福如东海；只有井然、自信，才能品味福的真谛。现实生活中，翠纶桂饵的现象比比皆是。有些度假山庄，本应幽静典雅，却搞成了狂戏轰鸣阵地。有些民俗小村，原本古朴清幽，却建成了市景大街。有些简舍清室，本应朴实无华，却装得奢华铺张。当然，这都是他人行为，无法阻拦，也不可阻拦。问题的关键是，当我们真心求靖时，就必须自觉避开那些"狂、烦、躁"的地方。当我们努力求简时，就必须真心做到简从己出，悖简勿去。这既是要求，也是习惯。习惯成自然，自然养良风。习简造福，体现在方方面面：祸从口出，少说话，简言之，可避免许多麻烦；人为财死，少花钱，花对钱，可减少许多奔波；虚华误事，少攀比，莫好强，可降低许多风险。故，靖由简来，简由习成。习简造福，贵在坚持。如何做到？其法如下。

其一，简言慎评，滴水不漏防人侵。所谓简言慎评，就是遇事少说，更不要妄加评论。若不得不说，就简而言之，其义外延要广，站位要高，不片面，不偏激。当肯定和赞美一个人时，不把话说满，因为山外有山，人上有人，把话说满了就容易得罪高人贤士。当批评和帮助一个人时，也不要把话说过头，说太重，否则，既会伤害当事人，也可能会使自己处于被动，因为任何人、任何事都是在不断变化的，有时会向相反的方向发展。恰当的方式是：好话不说满，坏话不说死；抬人留余地，贬人有分寸；惜字如惜金，字字倾真心。只有这样，才不会被纠辫子，才不会夸张三而伤李四，才不会讨人嫌遭人怨。尽量做到说话滴水不漏，以免惹祸上身。同时，尽量做到说话简切要害，不留歧义，以防误解。故，言简而准，言高而深，言严而仁，言活而慎，是习简之要也！

其二，简风俭俗，遵规守纪防身污。所谓简风俭俗，就是把简当风尚，把俭当良俗。为简而简，简而不成。崇简而简，水到渠成。装俭而俭，俭而不像。刻俭于心，凡事自俭。一个时代有一个时代的简风俭俗，一个单位有一个单位的简俗标准，一个人有一个人的简俗方式。但总的简俗原则是：国法之简不能违，民俗之俭不能破；团体之简带头守，个人之俭自觉行。只有这样，我们才不会闯红灯，撞南墙，才不会染污浊，损名声。现实生活中，不少人因搞一个形象工程丢了官，因一次高消费降了职，因一块金钻表挨了批，因一套品牌服遭了骂，等等这些都是没有做到崇简践俭的缘故。故，行简而尚，行俭而宜，简俭与共，简俭与时，是习简之妙也！

其三，简欲节好，践行良习示子孙。欲望是人生来俱有的，但欲望有高尚与低俗之分。好恶也是人之常情，但好恶有适度与失秩之分。人老了，简尚的欲望，适度的爱好，是体现一个老者风范的关键。如，生活不妄求高标准，娱乐不寻求狂刺激，做人不显摆，待人不装蒜。时下，有一种论调，"老不节欲，老不留钱，老不留情，老不顾面"，是不可取的。正确的态度应是：老应简欲，老应节好，老应荫子，老应重情，老应顾面。这是因为，老人是后人的榜样，若有错误会影响子孙。老人在社会上具有一定的名望，若有错误会殃及更多的人。故，简欲节好，属老之要，内标子孙，外炳社会，乃习简之重也！

第九论　大智若简，居简怡神

古今社会，凡有大智慧的人，往往是一言九鼎，一锤定音。一言以蔽之，"简"！大智若愚，大智若简。居简康体，居简怡神。这是因为，简，是一种态度，低调，舒适，却无损高贵与优雅，反而产生一种特别的美。简单、简洁等虽无繁华精致做修饰，但总透着一份落落大方之意。舍，是港湾，是一个角落的家，是放下烦恼与累赘，低调释然的状态，不为走在前端，不为炫耀，只为尽情享受美好生活的归处。人住在简舍里，自有安身之感，亦有心悦之乐，更有灵感之动。毛泽东住在延安窑洞里，泰然自若地指挥全国抗战，并写下了《矛盾论》《实践论》和《论持久战》等光辉著作。唐朝诗人杜甫，在成都草堂里写《春夜喜雨》《绝句》和《蜀相》等名篇，流传千古。今许多大家、大咖的名作和愿景，也都是在简舍里运筹而成的。简舍里为什么能出光辉的思想、优美的诗篇、治事的杰作？核心的一点就是，身居简舍，心无旁骛，因而运事细微周密，作诗浮想联翩，检世切中时弊，洞人明察秋毫。故，高人居简舍，情浓意犹切。携世思和想，挥毫惊四方。凡夫居简舍，随意又和谐。抱愿欢和乐，相聚情意合。如何做到，其法如下。

其一，携思入简，淬炼悟世杰作。所谓携思入简，就是带着一生的所思，包括成熟的，不成熟的，以及还未思索但必须思索的东西，进入简舍，开始深入的研究。这其中包括是什么的学问、为什么的学问、怎么做的学问，还包括诗词歌赋的欣赏、创作和传播，也包括琴棋书画的鉴赏、习作和传承。当然，更包括不同职业、不同人生经历的总结与品味，以及对未来的展望与设想。无论何人，无论何题，在简舍里都会得到充分的梳理、科学的研判、严格的淬炼。在这种氛围里，每个人都不会辜负自己，也不会辜负时代，都会将自己毕生的所知、所思、所感展现出来，甚至成为人生精品、世间杰作。故，携思入简，淬炼不凡。有识之士，简诞奇丸。

其二，抱愿进简，享受人间欢乐。所谓抱愿进简，就是抱着美好的愿望，带着家人、朋友，或者新知，进入简舍，各悦其欢，各乐其所。包括打牌、猜拳、游戏，还包括烹饪、小酌、品茶，更包括吟唱、博弈、休闲等。总之，进入简舍，就会无束无拘，随心所欲，释然自在，舒舒服服。这是因为，简而无杂，使人慰之，简而无碍，使人宽之，简而有秩，使人舒之，简而易见，使人爱之。老友进简，畅所欲言。老伴进简，恩爱如初。新朋进简，相识恨晚。新爱进简，如添火焰。简易欢，简易乐，简易爱，简融情，简融意，简融景。故，抱愿进简，简造其欢。各得其所，各满所愿。

其三，无挂居简，静伴美好岁月。所谓无挂居简，就是没有任何牵挂，进居简舍。或信步赏云，云似心像；或坐山观景，景似梦想；或凝视池塘，塘映辉煌；或夜听风响，风像心往。这，白天的惬意，夜晚的畅想；这，眼前的祥云，耳旁的清风；这，今日的欣慰，明日的回忆。所有的这，组成了岁月；所有的这，铸就了美好；所有的这，静伴着佳人。今天，假如我们无牵挂，那是多么地自在；今天，假若我们居简舍，那是多么地悠闲；今天，假若我们静如水，那是多么地幸福。我们盼岁月今如是，试想，岁月待我们应如此！故，无挂居简，岁月静好。不负时光，以好相报。

崇简溯源，践简必贤。时下观简，从简为上。少时简，学业上。中年简，事业强。老年简，身心康。当然，简不是越简越好，要适度。崇简而不能图简，居简而不是贱住。要做到简而有度，简而有序，简而不缺。故，繁里求简策为上。缛里求俭行为尚。践简适减事为上，居简不贱情为尚。亦，该礼非礼不是简，应有未有不是尚。清规素礼应该有，基本保障应跟上。然，依规行礼即是简，依法居简亦为尚。与时俱进颜面换，心中无愧大家安。

第四章
论辩证看事保神康

所谓辩证看事，就是用唯物辩证法的观点看待一切事情。其核心是用"对立统一"和"一分为二"的观点分析一切问题，处理一切问题。人过六十，看了很多事情，经历了很多事情，当时可能身在事中，也可能身在事外。身在事中，不识庐山真面目。身在事外，横看成岭侧成峰，加之受自己的感情色彩和外界的因素左右，对人对事不免有偏颇之言，倾向之为。然而，老了，过去的一页便翻过去了，看事应尽量客观。如，对于社会现象，应普遍联系地看，纵横发展地看，对立统一地看，一分为二地看。对于他人的变化，同样以发展的眼光看，用辩证的方法看。对待发生的某件好事或坏事，也应该用辩证的方法去看，好中酿祸，坏中蕴好。

对待自己的现状，更应用辩证的心态来看待。景遇既要向上看，也要向下看。身体既要看好的一面，也要看不好的一面。家庭既要看美满的一面，也要看不足的一面。有的人什么事情都要自己优先，看问题时，自己的家庭最重要，个人的利益最突出，自己的意见最正确，自己的小孩最可爱，自己的东西最宝贵。这样就会伤害很多人，也会被很多人所孤立，所讨厌，甚至是所愤恨。同时，也使自己很伤神，很无聊，很无味，甚至很无价。改变这种局面的方法就是对任何事情都以辩证的方法去看待，去处理。这样，既会赢得别人的尊重，也会减少自己的无奈，增强自己的存在感、作用感和价值感。故，尊重他人就是尊重自己，与人为善就是与己为善。将坏事当好事处理，坏事变好，将好事当坏事看待，好事更好。如何做到，其法有三。

第十论　辩证看社会，视发展为乐观

社会是所有人生活的空间，虽然老了，退休了，仍然是社会中的一员。社会中的一切都是互相联系的，而且都会按照自身的规律不断发展。事物由新生到成熟，再由成熟到裂变。社会中有诸多的矛盾，但矛盾都是对立统一的。矛盾双方相持时，事物是暂时稳定的，双方矛盾激烈时，社会就会产生裂变或质变。这中间，有主要矛盾与次要矛盾的互变，还有旧矛盾双方消亡而产生新的矛盾体。总之，矛盾无时不在，无处不有，但矛盾始终是推动一切事物发展的动力。这就是说，离开矛盾社会就会停止发展，而发展又是社会进步的体现，也是人类文明的基础与动力。所以，发展是硬道理，发展是改善和提升人们生活质量的基础与保障。那么，我们每个人都应该期盼发展，推动发展，同时也享受发展的红利。

要发展就会有矛盾，要发展就会有斗争，要发展就会有奇奇怪怪的一些事情发生。这些奇怪的事情有时明，有时暗，有时多，有时少，有时与己无关，有时与己有关。当我们看到一些奇怪事情发生时，不要轻易一概反感，一律否定，而是要认真甄别。是有利于发展的，就要支持。是有碍发展的，就要阻止。无论是支持或是阻止，重要的是态度，而不是亲力亲为，因为己不在其位。同时，无论支持或阻止，都不要过于上心，因为身不在位，自己的态度和力量对事物的发展起不了多大的作用。人是有思想的，遇事有所思是正常的。人是有位置的，无位少思或不思也是常理。反之，不在其位，反言其事，轻则言错，重则犯过，既徒劳，又伤神。故，社会本是万花园，千奇百怪理当然。奇形怪状各有是，观花赏景莫求圆。如何理解，其因如下。

其一，阅尽世间，万物皆求长。通观五洲四海、三山五岳，大至山川，小至草木，都有自己的生命，都是在不同的环境里，按照自己的规律不断地发展变化，虽有快慢，但都没停止过发展。发展的过程中，大都彼此相联，相互作用，相互成全。植物如此，动物如此，人类更如此。所以，对于社会的一切变化，我们都应该以积极的态度去面对。只要是发展的，我们就应该乐观地接受，并尽量去适应。对于发展中的两面性，尽量做到适主避次。如，智能机器人的应用，减轻了人类的劳动量，同时也剥夺了一些人的利益，但它的应用是利大于弊，所以应该支持。江湖禁渔，虽然减少了一些人的收入，但改善了相关区域的生态环境，所以应该支持。故，万物求长，长有利弊。乐观看长，顺利排弊。此乃顺物也！

其二，悟透社会，诸事均欲成。社会上，不论大事、小事、公事、私事，做事者凡事均想成功，至于结果是否成功，那取决于多种因素。我们看待每件事，都要以支持做事者成事为出发点。当然，支持的对象应是正能量的事，且支持的方式大多是态度上的。当支持的事成功了，为之欣慰。当支持的事未成功，也不必太在意，因为凡事皆有成与败的可能，且都有翻盘的变数。如，房地产开发业，开始很艰难，中途赚大钱，当下也很迷茫。纵观这个行业的全过程，有赚大钱的，也有失败的，各个时期皆如此。所以，我们不要为谁成功而大贺特贺，为谁失败而千叹万息。市场有规律，社会有秩序，个人有能耐还要有运气。成有道，败有因。作为旁观者，可观其景，勿伤其神。故，诸事欲成，实难都成。成而依愿，未成亦缘。此乃顺势也！

其三，明白事理，成长各有因。人过六旬，世事皆明其因。万物长有因，诸事成有缘。反之，亦然。所以，我们要用辩证的方法去看待社会的一切，不要因看不惯这事而愤愤不平，更不要因不服那事而争争吵吵。同时，不要因羡慕某事而盲目尝试，也不要因针对某事，去攀攀比比。因为，每天都有人发大财，每天也有人倒大霉。每天有商场开业，每天也有店铺倒闭。每天有地方风调雨顺，每天也有地方天旱地涝。在大自然面前，一个人是渺小的。在大社会面前，一个人是微不足道的。人老了，看懂社会，融入社会，顺应社会，才能活得舒坦、顺心。故，社会容人人自多，人融社会社会活。各人虽有不同益，命运共享万事和。此乃顺天也！

第十一论 辩证看他人，视变化为其然

所谓他人，从广义上讲，除了自己，其他人都属于他人。一般而言，他人是指与自己有所交、有所识，或密切相关的人。如，老同学、老同事、老邻居、老朋友、老客户等。人的一生，可谓是阅人无数，但所认识的人，或者与己密切相关的人，都是在不断变化的。有的在向好的方面变化，有的在向坏的方面变化。当然，审视好与坏，要看从哪个角度出发。往往站在他人的角度看是好事，而站在自己的角

度看则是坏事，反之，亦是。如，老同事，当时的平级关系，后来有的成了自己的领导，有的成了自己的部下。领导有领导的要求与风范，并且许多方面都比自己强一些，影响大一些。而部下可能相反，许多方面都比自己差一些，思想和行为与自己甚至合不了拍。这一强一弱，各有其源，各有其道。所谓"存在就是合理的"，这句话既是哲学观点，也是我们处理人与人关系的逻辑基础。只有这样看问题，心里才能平静。否则，就会对比自己强的不服气，对比自己差的不顺眼。还有一点值得注意，每个人的变化都是在随着时代的环境变化而变化的。今天强的人不等于永远强，今天差的人不等于永远差，有时可能会倒过来，强变差，差变强。作为一个老人，特别是退休的老人，应该摆正自己的位置，适应人际关系的变化。当他人变高了、变强了，要佩服，要尊重。当他人变差了、变低了，要理解，要体贴。当他人变坏了、变狠了，要避开，要切割。故，人在道上行，会显各种形。顺眼随相伴，碍目另择径。为何如此？其理如下。

其一，今非昔比的人，必有降人之能。所谓今非昔比的人，就是一个人的地位、资源、金钱、影响力等诸方面都是过去无法比拟的，可能当了大领导，可能成了大富豪，可能成了大学问家、大企业家、大行业领袖。对于这些人，有的人认为是他们运气好，或者是手腕硬等，其实不然。我们一定要客观看待其成功之路，必有其高明之举，降人之处。或智勇，或善谋，或匠心，或独运。会抓人脉，会抓机遇，会抓金钱，会花金钱。当然，他们在成功之路上，也肯定会出现一些不足，但瑕不掩瑜。所以，我们要崇敬他们，弘扬他们，帮助他们，使之更加完美。对其不足，应予谅解。故，欣能赏才，究其之要。如知其妙，吾自更俏。

其二，今不如昔的人，自有可悲之处。所谓今不如昔的人，往往是境遇和气质都不如以前。如，有的人穷志短，做事畏手畏脚。有的人丧失原则，做事没有底线。有的人自私自利，毫不利人。有的人今朝有酒今朝醉，不管明日碗无汤。还有的人只求一时逍遥自在，不管他日身在何方。倘若如此，定会混到今不如昔。究其缘，有道德沦丧之害，有志向倾倒之危，有妄自菲薄之弊，有目无法纪之昏。总之，这些人是自己之悲，亦是他人之嫌。同时，这类人也是社会之失，个人之痛。所以，我们对待这些人，应该大声唤之，轻声导之，细言劝之，使其醒之，与时俱之。故，叹人息事，切其痛之。扶正祛邪，拯人要之。

其三，盲目自大的人，定有南墙之遇。所谓盲目自大的人，往往是走路不观察方向的人，做事不量力的人。这类人在生活中有几大表现：一是不论前面沟壑纵横，还是万丈深渊，先跳下去再说。二是不论自己力量有多大，什么事都敢干。三是不论与谁打交道，老子天下第一。这种行为方式，往往能走点小运，赌赢了，可能一本万利，一狠降众，但大多数会触碰南墙，轻则受伤，重则殒命。这种行为方式的人，往往对自己扬扬得意，认为自己霸气、勇敢、聪明、好运，甚至认为天为其开，地为其用，人为其使，唯其为尊，唯其为大。其实不然，天有所规，地有所律，人有所范。顺天、应地、利人、小我者，实乃为大，受人之尊。旁观者，知其事，明其理，远其距，是上也！故，盲目自大实则小，触碰南墙方知晓。智者出门风向扫，劈荆避垒道更高。

第十二论　辩证看自己，视老到为越新

人生在世，最难看准的是自己。如，自己的能力是高是低，自己的业绩是小是大，自己的得失是缺是足，自己的为人是好是坏？等等这些问题，自己给自己做一个客观评价是很难的，往往不是高了就是低了，不是左了就是右了，不是重了就是轻了。其原因，一是自己看不清自己，所以不准。二是自以为是，所以不客观。三是看自己与看别人的角度和尺度不一样，所以误判。误判往往会给自己带来麻烦和被动。如，某件事自己明明是对的，却觉得自己有问题，继而去检讨，反而弄巧成拙。某件事自己肯定是错的，却觉得是对的，仍坚持己见，结果事与愿违。某件事不小心冒犯了别人，道个歉就完事了，却觉得自己没冒犯，不去与当事人化解矛盾，而让矛盾激化升级。某件事自己确实说对了，但倚老卖老，教训别人不成，反而被别人攻击，等等。辩证看自己，就是既能看到自己好的一面，也能看到不足的一面。既能看到生活幸福的一面，也能看到需要改善的一面。面对别人的批评或指责，既要看到合理的一面，也要看出其中不诚的

一面。这样做的好处是，客观律己，不失风度；谦虚大度，和蔼可亲；善于纳言，增智促贤；平心静气，颐养天年。辩证看待自己的好处甚多，但真正能做到辩证看待自己，确属不易。这是因为，除了前述的三个主观原因外，还有受诸多抬轿子、拍马屁、图不轨等小人的口蜜腹剑、阿谀奉承的左右，导致自觉或不自觉地误判自己。若不想对己误判，就要置自己于客观之位，排他人不实之谀，立自己正确之言，纳他人实诚之谏。故，自己犹如镜中像，是非丑美一个样。镜凸镜凹会变像，削凸填凹还真样。如何做到？其法如下。

其一，正确看待得失，知足常乐。一个人退休之后，最大的问题就是不能正确看待自己的得与失。总感觉得到的太少，失去的太多，于是耿耿于怀，愤愤不平，比张三觉得不如，比李四觉得太亏，继而寝食不安，怨天尤人，苦不堪言。其实，大可不必！所谓"得"，就是得到手的东西，没得到手的就不是得。既然不是得，又有什么遗憾的呢？又有什么理由说，某些东西就是自己的？或应该是自己的？所谓"失"，就是已经是自己的东西，而失去了。失有两种含义，分为正常的消耗而失和非正常的损耗而失。正常消耗失之其所，非正常损耗失有其故。既有故而失，有何其愧？所以，人最清醒的认知就是：一切得其所然，一切失之所故；安然所得用之，因故所失放之。只有这样，才能知足常乐，乐观处世，与人和，与己和。故，奋斗尽力心不悔，得失随天神不伤。幸福不在多与少，胸中平坦乐自多。

其二，正确看待是非，释疑解惑。人生在世，特别是在位期间，说话做事难免有所不当。如，说话有深有浅，也有误。做事有好有差，也有败。贡献有大有小，也有零。且，仁者见仁，智者见智，同样一件事，不同的人有不同的评价，甚至心术不正的人，可以把好说成坏，将白说成黑，将无说成有，意在混淆视听，以达其目的。口长在别人身上，别人要怎么说，自己控制不了，但自己可以选择不理、不屑、不往心里去。当然，对过分的诬蔑、抹黑、中伤，应反则反，应击则击。这里最重要的是如何看待自己的是与非？正确的态度是：对自己所做的一切事，"是"是应该的，必须坚持的；"非"是要吸取教训的，但不必太在乎。事已过往，任人评说；己已大明，弃疑解惑。故，世事纷纭时久明，是是非非终会清。持是弃非浑身轻，荡涤疑惑舒宽心。

其三，准确看待经验，承前启后。所谓经验，是每个人的奋斗所悟，事业所感。经验是财富，用之当，是谓宝。经验是包袱，用之失，是谓祸。经验是积极的、正能量的，用得恰当，用得及时，就会对自己和他人的事业起着推动作用，但若经验用得不准，用得不适时宜，就会对自己或他人的事业起着阻碍作用。现实生活中，有些人对自己的后人没有按自己的经验行事，而不断指责，对自己的后任没按自己的经验行政，而说三道四。其实，完全没有必要这样。自己认为是对后人有用的经验，后人认为是，用之，后人认为非，撂之；自己认为是对后任有用的经验，后任认为有价值，借之，后任认为无价值，弃之。经验是有时效性的，经验是有适宜性的。退休后，可以无私地提供经验，但没有必要去卖弄经验，或将经验强加他人。故，为人老到固然好，恃道轻高则需调。若将经验变今典，除废宜新人自高。

溯源展未，康神之要，唯辩证也！辩证看社会，可以乐观，辩证看他人，可以欣然，辩证看自己，可以坦然。辩证是方法，辩证是品德，辩证是良药。辩证可以开启智慧，辩证可以通达人生。故，人有两件宝，双手和大脑。双手能做工，大脑能思考。亦，用手不用脑，工作做不好。用脑不用手，空想一大套。然，用手又用脑，才能有创造。科学用两宝，世界更美好。

第五章
论勤动巧养保体康

身体健康是每个人的期盼，老年人就更重视身体健康了。然而，重视健康，不等于能保证健康，要保证健康，就必须勤动巧养。有人说"生命在于运动"，但不是运动量越大越好。有人说"健康在于营养"，但不是营养越多越好。有人说"长寿在于养心体"，但不是心体越闲越好。这里的关键是：生命运动的频和力要适度，营养汲取的值和量要均衡，心体保健的物和法要科学。任何事情物极必反。有的人运动过量而致残致死。有的人营养过剩而致胖致昏。有的人保健过度而致衰早亡。现实生活中，往往是运动过量的多，

营养过剩的多，保健过度的多。造成这种现象的原因
有：求健欲望过切，生活条件过好，养老心态失衡。改
变这种状况的方法是：遵循生命规律，保持健康心态，
寻求科学指导，自觉控制失秩。这是因为，生命所进行
的运动是高级的物质运动形式。蛋白质是生命运动的主
要物质基础，生命运动是蛋白质的固有属性和重要的
存在形式。人体的蛋白质构成是有其科学、平衡、适
宜的客观要求的。生命在于运动，运动是生命诞生的前
提条件，没有物质运动就不会有生命的产生。生命的存
在在于运动，运动也是生命存在的基础，要维持生命体
存在，也离不开物质运动。生命的发展在于运动，运动
又是生命发展的动力和源泉。这还因为，人的生命不仅
是机械运动，还包括物理运动、化学运动、社会运动
和思维运动；不仅包括宏观的躯体运动，更包括微观
的细胞运动、分子运动等诸多运动形式。这就是客观
规律，不可违背。故，生命诚可贵，健康质更高。觅
时勤巧动，身体自然好。如何做到，其法有三。

第十三论　生命在于勤运动，舒服在于量适度

"生命在于运动"既是格言也是规律，早在十七

世纪就被法国思想家伏尔泰所论断。几百年来亦被人类证明是正确的命题或说法。本人对这说法的完善是"生命在于勤运动"。因为运动有频率，有力度，有阶段性。勤运动就是根据年龄的周期性，在人生的不同阶段以科学的频率，适当的力度，有效的方法，对整个身体或有关部位进行运动。如，青年人可以每天坚持一小时的跑步，中年人可以坚持每天半小时的跑步，而老年人则适宜于每天半小时的慢走。这里强调的"勤"是，不同的人在不同的年龄或体质下，所相应的运动不能间断，更不能时重时轻，时有时无。运动的最佳标准是，自己感觉舒服：既觉得心活体热，又不觉得疲劳痛苦；既对局部健康有利，也对全身健康有利；既对阶段性健康有利，也对长远性健康有利。同时，舒服是有个性化的。男人的舒服感与女人的舒服感是不一样的。同一个人在不同状态下的舒服感也是不一样的。如，病态下，病好如抽丝；饥饿中，喝粥似甘露；困惑时，小憩似神仙。这就说明，舒服有度，舒服有别，舒服有因。掌握生命运动的规律，懂得身体舒服的原因，把握运动的节奏，学会运动的应用，是运动的前提，否则，就会乱运动，或过极运动，或无效运动。老年人要懂运动，爱运动，会运动，在运动中健体，在运动中快乐。故，运动是生命的源泉，舒服是运动的目的。技巧是舒服的方法，满意是舒服的体现。如何做到，其法如下。

其一，视运动如生命，生命不息运动不止。运动产生生命，运动体现生命，运动发展生命，所以说，运动就是生命。同时，只有有了生命特征，才能有运动；只有有了生命欲望，才会坚持运动；只有有了生命健康，才会发展运动。这就是"生命不息，运动不止"的含义，也是生命与运动的逻辑关系。既然如此，我们每个人都应该自觉坚持运动，充分展现生命，合理延长生命，有效提升生命的价值。然而，生命的价值不单是以生命的长短而论的。它重点体现在生命的质量上、生命的作用上、生命的取向上。既造福天下，又健康长寿的生命是贵重命。故，视运动如生命，置生命于运动。生命展现价值，运动体现生命。

其二，以舒服为目标，运率动量适可而止。所谓舒服，就是某项运动能使自己的身体或精神感到轻松畅快。我们所有的运动，追求的目标都应该是舒服。如果运动过量过速就会把自己累得不舒服。如果运动达不到应有的强度或速度，也会感觉不舒服。在运动过程中，舒服就像喝酒。酒喝多了会醉，身体不支、胡言乱语、浑身痛苦。酒喝少了不过瘾，不畅快、不兴奋，也起不到舒筋通络活血的作用。酒喝得适量，就会兴奋、酣畅、沸腾、快乐、浑身是劲，满腹是诗，说话出口成章，做事信手拈来，对人热情活泼，处事开朗大度。要达到这个程度，喝酒时，要酒对路，量适当，人相知，景相宜，才能意相投，情相悦，话相和，事相成。运动也是如此，要项目对路，率相应，量相符，才能实现心满意，身舒畅，期再来。故，运动产生舒服，舒服来自运动。适可享受舒服，而止保持舒服。

其三，以应用为重点，针对问题科学锻炼。人体运动有宏观的躯体运动，也有不同的器官运动和功能运动。运动是有目的的，不能为了运动而运动。运动也应有重点，不同的人在不同时间、不同状态下，有不同的运动重点。同时，每个人的身体素质和功能情况也不一样，应该做到什么不行提升什么，什么过剩消耗什么，什么不活锻炼什么。这就是以自身的问题为导向，开展有针对性的应用运动或锻炼。如，视力衰减的人多做运目眨眼运动，可以减缓视力衰减的速度；心力衰弱的人多做下蹲运动，可以增强心脏活力；有焦虑紧张的人，多做叩膝运动，可以消除症状；有筋骨不坚的人，多做跳跃运动，可以改善筋骨状况。再如，若有人四肢骨折，应多做恢复运动。上述这些方法都是应用运动。应用运动的目的是解决生理障碍，增强身体有关器官的功能，使之正常发挥作用。

　　人，从外观上看有四大部位，即，头颅、颈、躯干、四肢；从结构上看有十大系统，即，运动系统、消化系统、呼吸系统、泌尿系统、生殖系统、循环系统、内分泌系统、神经系统、视觉系统、免疫系统。人的哪个部分出了问题，哪个系统不健康，都会影响全身，但锻炼应有重点，也就是哪里不行针对哪里练，受益的仍是全身。故，人有四部十系统，功能作用各不同。综合运动不可少，个性锻炼尤为要。

第十四论　运动在于调肌体，灵活在于身协调

　　在一个人的肌体内，血脉不通时需要运动，营养过剩时需要运动，新陈代谢需要运动。这就充分说明，运动在于调节人体肌体的和谐。如，呼吸系统和

谐，人就轻松自如；消化系统和谐，人就营养均衡；神经系统和谐，人就敏感灵活；视觉系统和谐，人就精明干练；免疫系统和谐，人就不会生疾；运动系统和谐，人就动作协调。肌体和谐，动作协调，本是人之本能。但当身体运动不足，个别地方，或多个地方出现障碍，就会出现不和谐、不协调的现象。解决这一问题的方法就是通过运动，清除障碍，达到和谐协调。

人体和谐的表现，在于身体灵活协调。如，脑想动，手就到；心想说，口就讲；意觉危，身就跳；手在爬，脚自跃。这些协调，既有本能的属性，也有训练的属性。对于一个人来讲，协调就会灵活，灵活就会智勇，智勇就会征服，征服就会如愿。现实生活中，人体内部不协调，需要一场运动才能解决。一项事物不发展，需要一场运动才能解决。运动是促进协调，健全肌体的重要途径。人老了，倘若哪里不灵活，做事不得心应手，就是肌体不协调的主要表现，就要首先通过运动去解决。当然，运动不是万能的。正常的衰老迟钝，不能完全靠运动来解决。受病毒侵害或外伤所致的不协调，也不可能完全靠运动来解决，同时需要药物干预和手术治疗。故，运动在于调肌体，灵活在于身协调。健体首在运动，强肌辅在药疗。如何做到，其法如下。

其一，以灵活为基准，锻炼四大部位协调。人体的头颅、颈、躯干和四肢这四大部位是否协调十分重要。头颅的五官，眉、眼、耳、鼻、口，其功能是人活着的基础；头颅里的大脑，其功能是人区别于其他动物的关键。躯干里的五脏，心、肺、胃、肝、胆，以及肠、肾、胰等，其功能是人活着的决定因素，也是人体的主干。四肢的双手与双脚，其功能是人发挥作用的工具，也是人赖以生存的条件。人体的头颅、颈、躯干、四肢，相互依存、相互作用，其作用的发挥就是协调，其基准就是灵活。灵活是四大部位正常的体现，灵活是四大部位存在的基本要求。保持这四大部位灵活协调，就必须加强锻炼。因为，锻炼可以检验四大部位是否灵活，锻炼可以增强四大部位协调。故，灵活是人体的基准，协调是灵活的体现。锻炼促进人体灵活，锻炼检验人体灵活。

其二，以畅联为导向，促进十大系统融通。人体内部的十大系统，既有每个系统内在的畅联，也有十大系统之间相互的关联。如消化系统分为消化管和消化腺，消化管包括口腔、咽、食管、胃、肠、肛；消化腺包括肝、胰腺、口腔腺体等。消化系统将食物摄入到排出，系统的每个部分都要畅通，并发挥各自的作用，缺一不可，坏一不行。系统与系统之间的关联也十分重要。如，神经系统不正常，视觉系统就会不灵敏；呼吸系统不正常，循环系统就会出问题；免疫系统不正常，各大系统都会受影响。同时，人体主要是由细胞所构成，细胞又形成组织，组织形成器官，器官构建系统，系统组建个体。这就是说，人体的各大系统虽然各有不同的组织与作用，但又是一个统一的整体，必须相互畅联融通。促进融通的方法，就是以畅联为导向，发现哪里不联不通，就采取运动，或药疗、物疗等手段进行干预，以达到畅联的目的。故，畅联是融通的体现，融通是畅联的目的。运疗促进系统畅联，畅联确保系统融通。

其三，以敏捷为标准，塑造形体优美。所谓敏捷，就是人的动作等行为又迅速又灵敏。敏捷体现在动作的协调性、思维的敏锐性、形体的和谐性等方面。同时，敏捷是形体优美的首要标准。这是因为，只有敏捷才能展现形体优美，只有敏捷才能塑造形体优美。
如何做到形体敏捷，实现形体优美？首先，要懂形体
优美的值和度，即，形体各部位之间的比例值、灵敏
度。如，身高与体重的比例值，身段与四肢的比例值，
弹跳的速度与高度等。其次，要掌握形体优美的要领
与方法。如，生活中的形体优美要领，职场中的形体
优美要领，以及形体操的动作要领。最后，就是要按
照所期望值、动作要领，去严格刻苦训练，持之以恒，
坚持不懈。只有这样，才能塑造优美的形体。故，敏
捷体现人体优美，优美检验人体敏捷。锻炼增强敏捷
程度，心仪提升优美质量。

第十五论　健康在于值平衡，长寿在于心气顺

人的身体健康有许多的特征，其主要的标志是身
体素质好、心肺功能好、新陈代谢好、神经系统好、
抗病能力强等。身体健康的关键在于三大系统值平衡。
一是人体内自身三大值平衡，即，体温值平衡、营养
值平衡、酸碱值平衡。二是人体与外部环境三大值平
衡，即，与阳光的需求值平衡、与空气的需求值平衡、
与环境的需求值平衡。三是人体条件反射三大值平衡，

即，客观事实与心理承受值的平衡、外部压力与身体抗压值的平衡、运动与安静值的平衡。人体如果这三大系列值基本平衡，说明其身体是健康的。人体健康可以长寿，但健康不等于长寿。健康是长寿的基础，长寿除了健康，还要有豁达的胸襟，良好的心态，淡然的脾气，使自己的心气保持顺畅。

如今，社会发展了，人老了衣食基本无忧，最主要的往往是跟自己过不去，认为自己这也不如人，那也不如人；认为自己年老体衰，到处都是毛病；认为自己太寂寞，没人陪伴，缺乏尊重等。于是，心气不顺，怨天尤人，怨己无能，甚至寻愁觅怨，苦不堪言，这样肯定不会长寿。要想长寿，就必须克服这些现象，正确对待年老体衰的客观事实，正确对待老年病的客观存在，正确对待年老寂寞的客观规律。只有这样，才能在寻求健康的基础上得以长寿，亦才能体现长寿的意义，才能让长寿放出异样的光彩。故，三大平衡是健康的关键，寻求平衡是养生的诀窍。气顺是乐观的前提，乐观是长寿的意义。如何做到，其法如下。

其一，寻求体内三大平衡，以养其身。所谓体内三大平衡，包括下列内容。一是体内的温度

值平衡，正常腋下值为 36 ℃ ~ 37 ℃，口腔值为
36.3 ℃ ~ 37.2 ℃。高于这个温度会发烧，低于 35 ℃
会失温，发烧、失温都会生病或丧命。二是体内的营
养值平衡，含碳水化合物、蛋白质、脂类和水分等七
种要素。这七种营养素各有其人体所需的标准值，营
养值平衡则身体健康，反之，就会体弱或生病。三
是体内的酸碱值平衡，人体的酸碱度（pH 值）在
7.35 ~ 7.45 之间是正常的，若不在这个范围，则说明
人体可能有酸碱中毒的情况，会引发一系列的疾病。
人体内部的三大系列值，一般情况下，是人本能摄
取所需而达到自动平衡的。但若受资源限制，或摄
取不当，就会造成体内三大值不平衡。如，身处过
寒或过暖的环境，会导致体温不平衡；营养过剩或
不足，会造成营养值不平衡；营养不均衡，还会造成
酸碱值紊乱。因而，要学习生理常识，研究保养方法，
力求体内三大系列值平衡。故，体内三大平衡，是生
命之要，亦是养生之巧。平衡重在主动摄入，亦在科
学把握。

　　其二，寻求体外三大平衡，以养其心。所谓体外
三大值平衡包括下列内容。一是人与阳光的需求值平

衡，阳光灿烂，一天晒 20 ～ 30 分钟即可；阳光时隐时现，一天晒 40 ～ 60 分钟也行；人体适宜的阳光强度区间＜ 250lx（勒克司）。二是人与空气的需求值平衡，人在正常情况下，每天需要呼吸 5 升到 6 升的空气，每个人的情况不同，适当有所增加或减少。三是人与其他自然环境需求值平衡，如气候环境值、景致环境值等。根据春、夏、秋、冬的季节不同，其平衡值也有所不同，这就需要因地而宜、因时而宜。人的体外三大值平衡，是养神生精的，通常地说，就是养心的。人的阳光需求值得到平衡，就会促进骨骼和牙齿健康，改善皮肤，提高免疫力，预防癌症，给人好心情，提高兴趣等。人的空气需求值平衡，可以活跃细胞，兴奋神经，促进呼吸，思绪安宁，促进睡眠，充沛活力。人的其他自然环境需求值平衡，可以增强对自然界的适应能力，顺天时、适寒暑，抗侵害、怡心神。当然，人的体外三大值过高或过低，也会对人造成不同程度的伤害。故，体外三大平衡，是生命所需，亦是养心之巧。平衡需主动寻求，亦在适宜适量。

其三，寻求反射三大平衡，以养其寿。所谓反射三大平衡即条件反射三大平衡。条件反射就是原本不能引起某一反应的刺激，与另一个能引起反应的刺激同时给予，使他们彼此建立起联系，从而在条件刺激和反应之间建立起的联系。条件反射分为"第一信号系统反射"，即以具体事物为条件刺激建立的条件反射，如，由各种视觉的、听觉的、触觉的、嗅觉的、味觉的具体信号引起的系统反射；"第二信号系统反射"，即以词语为条件刺激建立的条件反射，如，由各种语言、文字通过刺激大脑神经系统引起的系统反射，例如望梅止渴。条件反射三大平衡值是：心理平衡值（即心理期望值与心理承受值的平衡）；动静平衡值（即运动实际值与身体承受值的平衡）；抗压平衡值（即外部压力值与心理、体力的抗压值平衡）。老年人要达到这三大值平衡，最主要的是，降低期望值、减少运动值、减轻压力值，同时要增强心理承受值、增强体质运动值、增强身体抗压值。要实现反射三大系列值的平衡，作为老年人最重要的是正确看待三大问题。一是正确看待身体的衰老。衰老是自然规律，也是不可抗拒的规律，只能适应，不可抗拒，更不能倒行逆施，过分折腾自己。二是正确看待疾病。人老了一些退行性疾病都会出来，如，掉发、视弱、耳闭、嘴笨、手拙、腿软、腰酸等毛病，都是随年龄增加而出现的正常现象，不要害怕，也没有必要做过度治疗，只能与之相"伴"，友好"共存"。三是正确看待寂寞。人老了，退出工作舞台，寂寞是一种难得。人老了，减少社交舞台，寂寞是一种明智。人老了，减少与子女和亲戚们的关联，寂寞是一种福分。只有这样，心才能平，气才能顺，体才能舒，寿才能长。故，存在决定人的意识，条件反射人的心态。正视客观晚年现实，重在智驭老年特征。

总之，晚年的身体健康尤为重要。身体健康是晚年生活健康的基础。身体健康是家庭美满的基础。身体健康是幸福长寿的基础。故，身体源于生命，生命在于运动。运动调节平衡，平衡促进健康。亦，幸福在于舒服，舒服在于适度。期望贵在取舍，取舍决定满足。然，勤动以壮其身，巧养以强其心。伴老如伺其天，驭老如乘其仙。

第六章
论守德持重保行康

一般情况下，老人代表着德深、稳重、老成，同时代表着和蔼、睿智、大度。老人有老人的道德标准，老人有老人的行为规范。老人的道德，重在对党和国家的忠诚，对社会的敬重，对家庭的热爱。老人的操守，重在对公秩的示范，对家风的营造，对生命的敬畏。所以，守德持重是保证老年人行为健康的重要途径，也是老年人行为健康的重要标志。同时，老年人行为健康也是老年人身体健康的重要基础。现实生活中，有些人越老，越能体现他的价值，越受人尊敬，而有的人越老越无用，甚至遭到别人的厌恶和唾弃。这其中的核心问题是其能否做到守德持重。守德持重的老人，对党无限感恩，对国无限热爱；对曾经的事业无限钟爱，对共事的挚友无限怀念；将晚年的形象视如眼睛，将晚年的节操视如生命；对家庭的大事把脉谏诊；对子女的小事视而不言；对生活的要求简而朴素；对他人的困难善于帮助。人老了，热爱事业，不在亲力亲为，贵在观其发展；重视形象，不在夺冠争艳，贵在保持晚节；关心后代，不在赐钱给物，贵在指点方向；解人所难，不在施舍多少，贵在拯救其心。倘若能做到这些，就是一位德高望重的老人，就是一位深邃睿智的老人，也是一位和蔼可亲的老人，更是一位永存人心的老人。如何做到，其法有三。

第十六论　守德必先崇德，崇德贵在上德

有人认为，人老了没有必要循规蹈矩，把道德看得太重，活得潇洒，活得自如就行了。其实，此话只说对了一半，因为，潇洒过头了就没有机会潇洒，自如过度就不自由了。这中间就有一个老年道德问题。崇德守德才能活得潇洒自如。对于老人，崇德守德，应守"上德"。所谓上德，老子在《道德经》里有所论

述，大意是把道德刻在心中，自觉去做，做了不求所报，亦不大肆宣扬者，为之上德；把道德悬在眼前，照着去做，做了有所企图，亦沽名钓誉者，为之下德。守上德为上等人品，守下德为下等人品。以此为据，老人守德应为上德。因为，人老了，守德主要靠自觉，单位的人不会多管，社区的人不会常监督，身旁的人不好意思多说。老人在守德上即使做得不太好，往往也会被别人所忽略。所以，老人守德应守上德。把老年道德要义和规范刻在心中，自觉去遵守，尤其是做了一些高尚的事情，千万不要索求回报，也不要让别人过分宣传，更不能借机沽名钓誉，否则，就是下德，甚至是缺德。中国首位女空降兵马旭，十四岁入伍，八十五岁那年将自己和老伴的积蓄一千万元捐给家乡黑龙江省木兰县，帮助贫困孩子就学。夫妻俩生活俭朴，把节省的钱到银行汇给家乡时，不声张，也不告诉自己的身份，结果被银行工作人员怀疑其被诈骗，通知派出所的民警了解其汇款原因，她这才将实情告诉民警。她节省千万巨款不易，捐给穷孩就学，不图回报，不让声张，更是让人起敬。此人，是为上德。还有无数的老年志愿者，无私无畏，奉献自己。如，北京等城市的"红箍大妈"，她们在冰天雪地巡街，在炎热酷暑串巷，忙的是心甘情愿，为的是一方平安。再如，农村的留守老人，子女外出打工，自己在家种田，还要照料年幼的孙儿孙女，他们劳苦功高，却不求一丝所报。这些人，亦是上德也！故，崇德守德，贵在上德。伟人如斯，凡人应是。为何如此，其理如下。

其一，置德于上，虽老亦尚。老人如果能置德于上，且自觉践行上德，虽然有些方面不如青壮年人，但在人们的眼里仍然是一个高尚的人。老年高尚的人表现在：人老心不老，能接受社会上的新鲜事物，能理解家庭成员的时尚风情；人老志不衰，能学习新知识，培养新兴趣；人老不卖老，说话有理，做事有度；人老不自私，能为别人想，能帮他人忙；人老不生非，不说他人是非，不传他人是非；人老善担过，担家人之过，担友人之过；人老善包容，包不平之事，包不贤之人；人老善息事，息社会之愤，息家人之怨；人老善感恩，感有养之恩，感有孝之恩；人老善知足，知精神之所足，知物质之所足。这就是我认为的老年上德的"五不五善"的十个方面。每个人不一定都能做到，但都应该向这方面努力。人的能力有大有小，人的寿命有长有短，但追求上德的信念应该都有，能做到多少是多少，只要有了这份追求，就是一个高尚的人。故，上德无形重似山，高尚五不加五善。伟人凡夫置德上，喜看人间定无恙。

其二，刻德于心，与时自新。一个善于将德刻在心间的人就能自觉或自然适应时代的新要求。这是因为，有德的人重视新事物，接受新事物，或参与新事物，促进新事物，继而也把自己变成了新潮人，使自己具有新风范。有的老人观察新事物，积极为其点赞。有的老人参与新事物，尽力促其发展。有的老人自己成了新事物，被大众好评。如，有的古稀老人创办养老院，自住养老院，不拖累子女，是属刻德自新；有的耄耋老人获得国家科技进步奖，或诺贝尔奖，是属刻德自新；有的百岁老人立遗嘱将遗体捐给医学研究，是属刻德自新等。许多事实证明，只有刻德于心，才能与时自新。当然，只刻德于心，不能与时自新的人亦无错。故，刻德于心德润新，与时自新新映德。古稀德高面貌美，耄耋望重神态精。

其三，行德于常，美誉久长。所谓行德于常，就是将遵守道德置于日常生活之中，不刻意，却自然，也就是将道德的各项要求潜移默化到自己的生活习惯之中。能做到这样的人，其声誉自会受到民众的赞美，若能坚持不懈，定会美誉久长。古有孔丘，四海游说其道，毕生寻礼诲人。虽千古德弘盛，其音容映万年。今有马旭，幼穷志高胜木兰，蓝天首跳变天仙。毕生戎装省巨款，捐给穷孩千古传。再如名医钟南山，精研怪毒肆人间。萨斯来时他首诊，新冠来时他辩"奸"。人民健康置心上，八旬老身放在旁。而今，国家授予他"人民英雄"称号，未来，历史将永颂其功。还有无数的家庭长老，默然地承载一切，无私地奉献所有，受家人爱戴，让社会颂扬。故，行德于常形自美，形美造就荣誉长。勿以常德而不为，勿以无德而为之。

第十七论　持重必先自重，自重贵在自省

老年持重就是老练稳重，做任何事情不轻举妄动。要做到这一点，就必须首先做到老年自重，即，自己尊重自己、自己重视自己、自己珍爱自己。自重贵在自省，即，自我总结、自我批评、自我约束。一个具有强大自省能力的人，能不断发现自己的不足，进而

不断改正和完善自己的德行，使自己走得更远，活得更好。老年人自省的重点是：审视自己是否以积极的态度对待老年生活？想想自己在知识和能力方面有没有不适应老年生活的地方？省察自己日常言行举止是否存在不得体的地方？自省是自律的前提，自律是持重的表现。

要做到老年持重，最基本的是要遵守老年守则。老年人守则不尽相同，但总结起来有如下方面。一是信息守则：不发不转虚假信息，不编不造八卦消息，不信不传反动负能量信息；多看正能量的信息，多看有哲理的文章，多看怡神的视频；少在朋友圈里吐露个人情绪，少在公众号上乱点赞，少在夜深人静时瞎发乱转仅自己喜欢的东西。二是公秩守则：不在公共场所讲脏话，不在安静地方大声讲话，不在文娱游览途中失公德；不梦想天上掉馅饼信诈骗，不打脸充胖子装大方，不借钱举债高消费；不泄露国家机密，不泄露团体机密，不泄露朋友秘密；不妄议伟人，不抹黑英雄，不非议时政。三是家庭守则：对长辈敬心敬孝，对老伴相依相助，对子女和蔼民主；合理花钱，合理休闲，合理家务；讲究家庭卫生，讲究家庭氛围，讲究家庭荣誉。四是保健守则：不大吃、大喝、大动，不大气、大忧、大怨，不久坐、久看、久玩；不猛起立、猛回头、猛排便，不猛吃药、猛吃补品、猛做康体；勤动手、动脚、动脑，忌孤独寡语、忌大喊大叫、忌路边锻炼。以上是本人总结的"老年四大守则"，简称"四守"。这"四守"看似平常小事，对于老年人却十分重要。它既是持重的表现，也是晚德的具体要求。正所谓，从身边的事做起，从细小的事做起，才能行大德，留美名。故，持重须自省，自省重"四守"。每日自问吾，"四守"有过乎？如何做到"四守"？其法如下。

其一，讲话前警：莫讲过头话。聪明的人，或持重的人，基本上都能做到在讲话前提醒自己，只讲客观的话，即使是逢场作戏也不把话说过头，更不能把话说绝、说死。如果是需要把话说绝、说死，一定要想成熟，打腹稿，说准确。生活中，一个人跟一个人记仇，往往就是因为某一句话没说好，使对方接受不了，从而产生反感和仇恨。当领导的批评下属如此，当长辈的教训晚辈如此，朋友之间亦如此。养成良好的习惯，说话前警示自己不要说过头话，既是智者的表现，也是为自己减少麻烦的重要方法，更是营造良好人际关系的途径。如果一个人讲话前，先倾听当事人的意见，再成熟思考才讲，说话就中听，并能切中要害。故，讲话不在多少，影响不在远近。客观中听暖心，恰当中得声威。

其二，做事中防：勿做错误事。老年人做事，往往开始想的和做得都很好，但做着做着就偏向了，甚至弄巧成拙。造成这种现象的不外乎三个原因。一是个人的心气由实在变成了浮躁，把事做变了。二是受他人的左右，把事做偏了。三是受客观环境的影响，把事做废了。在坚守老年操守的问题上，此类事诸多。一些人心本不坏，但被坏人所挟下了水。一些人没人干预他，但自己把不准而做错了事。当然，还有一些人是受客观环境影响而湿了鞋。不管哪种情况，只要我们在做事的过程中，时刻提醒自己不要做错误的事，并采取措施予以防范，就能减少很多差错。如，有的人怕早上晚起误事，就定闹钟叫醒。有的人开车怕走错路，就打导航。有的人怕自己挥霍无度，就请经纪人监管。总之，不管采取什么措施，目的就是防止自己做错事情。故，"四守"皆小事，做错事不小。自省加自防，始终行稳当。

其三，每日后思：哪些言行应改？一个人每日要讲很多的话，做不少的事，虽然讲前有警，做中有防，但也免不了有些差错。错了并不要紧，只要及时意识到，立即改正就行了。现实生活中，有些人言行有错，但他并没有认识到错误，更谈不上改正，结果把本应顺当的事搞复杂了，本应和谐的气氛搞恶劣了。要避免这些，就应该做到每日后，要对一天的言行作个检查反思，看有没有说了不妥的话，做了不雅的事，甚至是不轨的想法？若没有即安之，若有应思考如何改正，在什么时间和场合改正。当然，这里所说的"每日"是个概念词，意在经常。人老了也不能把自己搞得太累、太紧，只是不越其轨，不破其线即可。故，每日思言行，有无错和淫？若无好则宁，若有改亦欣。

第十八论 行康必先品正，品正贵在心纯

一个人的行为健康表现在诸多方面，前面已有所论述。要做到行为健康，首先必须做到人品端正。人品端正的人具有三大特质。一是仪表端庄，让人看上去很舒服。二是综合素质优良，让人觉得很有才气。

三是品德高尚，让人感到很钦佩。人品端正是行为健康的重要表现，也是行为健康的首要条件和基石。当然，一个人的外表往往是先天为主，而其内在素质和高尚品德则主要靠后天修炼。人品在修炼中最重要的是心纯见真。由于心纯，不怀私利，可以正己。由于见真，实事求是，可以正人。既正己，又正人，自然就能正形，继而正行。现实生活中，有人美其名曰"为官一任，造福一方"，却心怀私利，打着为民造福的幌子，伺机捞金捞名；有些人道貌岸然，大讲"向我看齐，为人表率"，私下却荒诞不经，无耻下流；有些人口蜜腹剑，表面上是"闺蜜铁哥，无话不说"，背后却阴狠毒辣，以利其己。这些现象都是人品不正的重要表现。产生这一现象的根源是心不纯，义不正，情不真。人品不端的人，大都没有好结果，即使一时能称霸，也走不太远。古往今来，人们始终崇拜人品端正的人。人品端正的人，不论人生道路多曲折，最终都会柳暗花明。人品端正的人，不论位多高权多重，始终能融入广大群众。人品端正的人，不论受到多大的打击和诽谤，人们始终信任他、敬重他。故，行康必先品正，品正贵在心纯。富行万里不淫，穷困寒宅人尊。上天弘扬品正，百姓崇拜心纯。吾辈处世见真，晚辈自然相行。如何做到，其法如下。

其一，以时为镜，以正仪表。所谓以时为镜，就是以当下的风尚为"镜子"，来对照自己，看自己的仪表是否入潮，即，衣着是否既入潮，也不怪；举止是否入潮，也不浮；言谈是否既入潮，也不谬。以时下为镜，是因为一个时期有一个时期的时尚，过了这个时期，当时的时尚可能变成旧尚，不受欢迎。跟上时尚，不忘旧良。且以时尚为镜，勤正衣裳，勤检举止，勤校言谈，勤塑容颜，我们就会以一个良好的形象展现在人们面前，就能获得大家的喜欢与青睐。重视仪表，既是对自己的尊重与欣赏，也是对他人的重视与尊重。仪表好，大多数人都愿意接近。仪表好，可给自己的形象加很多的分。故，以时为镜，可正仪表。取悦自己，亦乐他人。

其二，以史为鉴，以正心态。一个人的心态是受多方面的影响而形成的，亦因多方面的变化而变化。社会上，有时能人贤达称雄，有人敬仰与追随。有时坏人恶霸当道，亦有人跟随其尾。但历史是客观公正的，正其昌，逆其亡。历史亦能映照人心，通过事件的成功与失败，人性的光明与黑暗，来影响今人处世之法。如，不明事理而背道逆行，伤人伤己；处事为人而胆小怕事，资恶辱己；当官行商而奸猾无心，害人害己；言行不一而瞒天过海，罪大恶极！历史印证成败，历史折射丑恶。以史为鉴，就是要继承和发扬古人的贤德，避免古人的错误，针对时下的环境，摆正自己的心态。心态好，心灵就美，行为就康，反之，就会视鬼如神，视丑如俊，视恶如善，颠倒黑白，是非不清。故，以史为鉴，可以正心。浊者自浊，清者自清。

其三，以人为镜，以正德行。所谓以人为镜，就是要以这个人完整的一生来看他的德行好坏，然后对照自身。以人为鉴，就要完整地看这个人，辩证地看这个人，历史地看这个人。看准了谁，确认他是个好人，是个大德之人，就置以为镜，向其学之，以正己之。正所谓"人无完人"，这是从细微处看。但看人要全面地看，要看"完整的人"。将完整的大德之人树为榜样，以对照检视自己的德行，必将修德有成。故，以人为镜，可正德行。镜明像清，品正人珍。

总之，守德持重是保证行为健康的根本。践行上德，为高尚之人。持重自省，为自觉之人。品正心纯，为表率之人。余生旅途，且行且珍惜！行为健康，时践时提防！故，人生幸福三为上，神康体康加行康。光阴似箭福如水，惜时行善保"三康"。亦，树老本质坚，人老言行善。坚木置利器，人善筑固基。然，沃土养古树，盛世产贤廉。欲保人物美，踔厉更耀辉。

第七章
论老牛奋蹄为己乐

　　所谓老牛，喻指年过六十岁的老年人。"老牛自知夕阳短，不用扬鞭自奋蹄。"牛亦如此，人应更是。一个人退休后，前十年是做事的黄金期。这个时期，身体尚好，热情未减，经验可用，人际还在，经济允许，做起事来得心应手。后十年次之。人过了八十岁做事就困难了。所以，老年阶段有所作为的也不过二十年左右。在这二十年内，要尽量做些有意义的事情。当然，做事情不是要重返事业岗位，而是要针对老年生活的特点，做些有利于自己快乐，有利于家庭幸福，有利于社会和谐的事情。具体做什么事，要因人而宜，

205

要根据各人的文化素养、兴趣特长、身体状况、经济
条件和生活氛围而定。如，从政的人退休后，可总结
一些从政的经验，研究一些管理或服务的学问。经商
的人退休后，可总结一些经营之道，研究一些不同市
场的营销策略。知识分子退休后，可发挥余热，深耕
其艺，传道其术。普通员工退休后，既可扬其故有之
长，也可另择释热之所，以愉悦称心为是。还有农村
的老人，抚孙、养花、种草、遛宠、赏景，可多多益
善，快乐为本。总之，所有的老人退休后，要有些事
情做，不能太闲着，否则就会身体出问题、精神出问
题、感情出问题。退休后，在不违反国家政策和有关
规定的前提下，做些力所能及且自觉感兴趣的事情，
是十分有益和必要的。当然，这里所说的做事不是为
做事而做事，而是为己乐而做事。为己乐是高雅的乐、
时尚的乐、正能的乐，而非低级趣味的乐。故，老年
做事多为乐，乐极生悲不可做。随心高雅皆可试，损
心低俗均莫为。乐有所择，其重有三。

第十九论　乐于总结释底蕴，奉其丹心照汗青

一个人奋斗大半生，干到退休了，肯定会有不薄

的知识和经验，不浅的思想和感悟，不少的成绩和收获。在位时，没有时间去认真地总结，没有条件去系统地梳理，也没有退休后的方便。所以，退休了，不同的人以不同的方式，将其各自的底蕴释放出来，用以总结工作中的经验与教训，学业中的收获与感悟，生活中的规律和秩序。同时，可以抽象时代的真谛，吸取历史的精华，反映向上向善的典型，以资鼓励。

总结个人是为了更好地完善自己。总结他人是为了更好地学习他人。总结事业是为了更好地发展事业。总结时代是为了充分地赞颂时代。总结过去是为了更好地发扬光大。今天的生活就是明天的历史。历史是人民创造的，人民是千万人组成的。每个人都是人民的一分子。每个人进步了，历史就进步了。每个人都精彩闪亮，历史就丰富多彩。每个人的总结，就是对历史的奉献，每个人的丹心，就是对历史的映照。当然，总结的内容要符合时代的潮流，符合历史的规律，体现社会进步的旋律。故，乐于总结释底蕴，奉其丹心照汗青。日月轮回人不回，智印日月伴永行。如何做到，其法如下。

其一，欣赏自己，将优点特质奉献给历史。世界上每个人都有自己的优点、优势和优绩。欣赏自己就是能正确地、清晰地看到自己的这些。现实生活中，一个人往往对别人的优缺点看得一清二楚，而对自己却没有感觉。欣赏自己，就是要把自己的真正学识总结出来，献给社会之用；把自己的优良品质归纳起来，提供他人互勉；把自己的工作经验体会提炼出来，以供他人借鉴。每个人不论职位高低、能力大小，一生中总有积极的地方。总结自己，献给社会，不在乎鸿篇巨制、理论高深、言辞华丽，而在于真诚。可以是一句话，也可以是一段文，只要说到点子上就行了。如，毛泽东说他毕生的爱好是"为人民服务"；袁隆平说自己毕生的奋斗目标就是"禾下乘凉"；张定宁对自己的要求"用有限的生命，为更多的人治病"。这些话虽简朴，但既说出了自己的心声，也丰富了历史宝库。故，人生易老学难老，言真意切世不消。若将真谛献社会，历史宝库亦可瞧！

其二，欣赏他人，将其智慧和功劳呈现给历史。一个人，学会欣赏他人，赞赏他人，是一种美德。欣赏他人的重点是：欣赏他人的智慧，看其有哪些过人之处；欣赏他人的品德，看其有哪些高尚之处；欣赏他人的业绩，看其对社会作出了哪些贡献。一般而言，名人、高官、富商，多有人为其树碑立传。我们要做的是为普通人，或者说在发现前是个普通人，而发现后则不普通。如，湖北恩施的张富清，隐功几十年，低调处世，被发现后获得"共和国勋章"，习近平总书记亲自为他颁奖。我们要做的就是留心身边的人，身边的事，对其中的不凡之人就要用钦佩的眼光去看待，用独到的手法去展现，使之成为社会的楷模，成为历史的光焰。如，时下，有很多人乐于为脱贫者立传，为扶贫者讴歌，为创业者树碑，为"大善者"作诗，为"小人物"写鉴等，都是值得提倡，也是需要我们老年人践行的。故，欣赏他人亦惠己，弘扬他功衬己德。毕生总助他人好，日月星辰也晓得。

其三，欣赏时代，将其繁荣和进步铭记给历史。每个时代，都有这个时代的价值观和精神风貌，有这个时代的英雄和楷模，有这个时代的文明和进步。每个人生活在时代之中，自然会有所感悟。但学会欣赏时代是要具备一定的思想基础和欣赏水平的。思想基础就是用积极的态度去观察和领悟时代，不能一叶障目，以偏概全，用某些个别消极的东西去误解时代。

欣赏的方法就是：以时代的整体进步，去抽象时代的文明精华；以时代的整体繁荣，去浓缩时代的发展变化；以时代的先进楷模，去提炼时代的人文价值；以百姓的幸福生活，去体现时代的精神面貌。时代不仅仅是一个年代的体现，更重要的是一个文明周期、一个科技周期、一个经济周期等方面的综合体现。我们欣赏时代，既要欣赏整体的，也要欣赏具体的。如，时代整体进入了新时代，其特征应大加赞颂。同时，对时代进步的一些具体表现也要热情讴歌。如，我们进入了网络智能时代，我们进入了高速高铁交通时代，我们进入了整体脱贫时代，我们进入了全民医保时代等，也是值得大为骄傲的。

社会每天都在发展，时代每天都在进步。欣赏时代，也是在享受时代。赞美时代，也会被时代所赞美！故，人随时代走，时代催人新。人赞时代美，时代铭人进！

第二十论　善于升华探前沿，撷秀锦卷献未来

一些从事理论、科学技术和文学艺术领域研究的人，退休后，可对在职时的一些成果或作品进行梳理

和提升，特别是对一些前瞻性学科、前沿性技术、前卫性艺术，根据发展的需要进行提档升级、加温升华。如，将事业管理理论由事务型向规律型升级；将科技标准性理论由本土型向国际型升级；将文学理论由重人的行为展现向重人的灵魂展现升华；将艺术表现由形式美向内在美升华。提档升华的方法，贵在"善于"二字。即，善于将自己的一般感悟上升至理论；善于透过表面现象切中事物的本质；善于将普遍的规律转化为特殊规律，亦可将特殊规律转化为普遍规律；善于将普通科技推到科技前沿，亦可将前沿科技运用到日常生活；善于将民族艺术转型成大众艺术，亦可将大众艺术用于民族艺术展现。要做到这些，既要有一定的理论与实践，也要有一定的责任与动力。只有这样，才有可能如愿以偿。这里需要强调的是，人老了，不要像在职一样去执着，也不要期望大器晚成。提升自己的学识，升华自己的艺术，要量力而行，顺其自然，所作的努力比以前有所提高就行了。当然，有能力、有可能撷秀锦卷更好。只要在我们心目中认为自己的作品是撷秀之词，是锦卷之呈，是未来之需，就是值得欣慰的。这里特别值得我们学习的是，著名文学家、剧作家、词作家阎肃，毕生名作迭出，特别是晚年总结了很多经典的创作理论和艺人修养学说。他于 2016 年 2 月去世，享年八十六岁，同月，他当选"感动中国 2015 年度人物"，2019 年获"最美奋斗者"称号。另外，还有很多领导干部总结的从政经验，企业家总结的管理经验，科学家总结的学术成果，都称得上是锦卷之作，既是历史的瑰宝，也是未来的铭鉴。这些人既有自己之乐，更有献睿之悦。故，善于升华探前沿，撷秀锦卷献未来。前程无限人有限，塑形铸魂恃将来。如何去做，其法如下。

其一，用历史观审视原作，修正其短视与偏见。由于每个人都生活在一个具体的历史阶段，其认知和作品一定会打上历史的烙印。这其中，既包括积极和正确的部分，也包括短视和片面的部分。历史每时每刻都在发展，但每个人的思想认识及作品并不可能都与时发展的。如，我们三十年前的得意作品，现在可能不入流了。二十年前的作品可能许多东西也过时了。十年前的作品，现在看来可能没那么贴切了。这中间可能存在一些当时的局限性，也可能当时自己的表现手法没有现在这么娴熟等，因而会出现一些瑕疵。比如，当年欣赏先富起来，现在欣赏富了要帮他人富、带他人富；当年只讲发展，现在讲科学发展、协调发展；当年用人讲年轻化、知识化，现在讲发挥各个年龄段的优势，各个层面的优势，各个方面的优势；当年的政绩观是以 GDP 增幅和规模论英雄，现在是看发展的综合效益和质量；当年的文学文艺作品讲娱乐性、效益性，现在讲健康性、教育性；当年的社会风气重礼尚往来，现在重大道至简。种种变化说明，我们每个人当年的作品（包括理论著作、工作报告、文学文艺作品等），都会存在不同程度的过时、短视、片面、偏激等问题。人老了，有时间了，也有阅历了，更重要的是有时代熏陶的体验与收获。倘若身体许可，将自己原来的作品进行一次修正可谓一件乐事。毛泽东日理万机，可他也经常修改、修正自己的作品，如《毛主席诗词》《毛泽东选集》等的出版稿与原稿相比，就有很多处修改。毛泽东如此，许多伟人、大家亦是如此。当然，我们修正原作的目的有所不同，主要是为了提升自己，完善自己，快乐自己。故，历史长河有弯曲，河中船儿自顺行。时过境迁临高望，若乘"飞船"近半径。

其二，用时代观检验科技，提升其价值与应用。每个时代都有每个时代的鲜明特色，科学技术更是如此。如，蒸汽机时代，电气化时代，网络化时代，智能化时代等。然而，每个时代都是在上个时代的基础上发展而来的。上个时代的前沿科技就是下个时代科技发展的基础，亦可能被下个时代所淘汰。用时代观检验科技，就是将本时代的科技放在本世代的前沿来检验。对于具有前沿性的科技应进行提升和应用，扩大其应用的广度和力度。对不符合时代发展要求的科学技术应勇敢地将其放弃。如，管理科学、社会科学、生态科学等，应随时代的进步而改进；空天技术、深海技术、生物技术等，应随时代的需求而提升；能源技术、信息技术、智能技术等，应随时代的变化而裂变。我们每个人不论以前有多少创造和发明，但在时代的变化和需求上，应将固有的科技进行升级。作为老人，自己的升级能力和条件有限，可将自己的科技成果升级方案贡献给有能力的人和单位。当然，自己若有能力为其提档升级更好。故，时代五彩又缤纷，科技日新更月异，若保科技永领先，优胜劣汰再升级。

其三，用发展观探寻方向，研究其性质与规律。

我们在退休前不论是做什么工作的，在用历史观修正自己原作的短视与片面，用时代观提升自己科研的档次与应用的过程中，最核心的是能用发展观探寻自己所研究事物的发展方向，判定其性质与规律，以供他人未来之用。如，信息化的发展方向就是促进各项事业的智能化应用；自然生态的发展方向就是促进农业农村的精神和物质文明升级；教育事业的发展方向就是培养新时代的爱国、有德、有才、有为人才等。找准事物的方向，还要弄清其发展的性质和规律，以及驾驭事物的方法与措施，才算是有责任，有见解，有方案，也算是撷秀的锦卷，才值得奉献未来。故，万物发展必有向，各行其律才顺畅。老夫寻向究其律，赠予他人驭千象。

第二十一论　精修拙艺传后代，继往开来企卓绝

每个人在世上闯荡到退休，自然会有一身本事，特别是一些工匠、技师、绝活艺人、非遗传人等，他们大都胸揣匠心、手有绝活、身怀大艺。这些人靠着自身的手艺绝活，大都是为了生计，谋活赚钱，养家糊口。有的则是作为爱好，偶尔露峥嵘。还有的是上

辈传下来的一些手艺，对其要领和动作略知一二，似懂非懂，似是而非。总之，这些人的某些手艺大都是粗拙的，零散的，不系统的，没有理论支撑的，不利于传承的。那么，人老了，都应该将其精研细运、精雕细刻、精修细缮，将各自的粗拙手艺进行理论化、系统化、规范化，以利其学，以利传承。当然，在精修传统艺术和手艺的同时，也要着眼未来，将其发扬光大，吐故纳新，合理创新，追求新颖，企化卓绝。例如，许多的民间工艺、民间艺术、民间绝活的艺人，都可以按照这个思路将自己的艺术进行精研提升。这样做，既可以将其艺有效传给后人，又可以充实自己，提高自己，增强自己的荣誉感和快乐感。当然，能够这样做的人是要有一定能力和条件的。尽力而为是谓"乐"，无力而为是谓"苦"，正确的选项肯定是前者。

另外，我们许多的琴棋书画爱好者、文娱体健活跃者、厨艺茶艺品鉴者、古玩玉器收藏者、集邮集券悉心者、民风民俗传教者等，都可以选其一域，研其一方，乐其一事。故，人间手艺千百行，行行皆有状元郎。不求百艺身都有，精其一项响当当！如何做到，其法如下。

其一，博采百家艺，析赏各自经。无论是工艺、手艺、曲艺，或其他绝活，都有各自的精湛之处、经典之理。人老了，学会欣赏百家之艺，研究百家之艺，推广百家之艺，实为一种幸事。李时珍欣赏百家之医、百药之理，修《本草纲目》，济世救人；王齐洲、李儒科、孟修祥等人所修的《走近圣人丛书》，将中国十界圣人的精华推介给大众，诲人深远。还有许多名师的民间曲艺欣赏、许多名厨的地方特色菜肴品鉴、许多艺人的民间剪纸艺术等，都是在欣赏别人的才艺之上，通过自己的鉴赏而著的名篇。当然，鉴赏别人之艺，首先自己要懂得之艺其理、其术之要。否则就写不出有影响的作品来。正如品酒师、品茶师一样，不懂酒茶，何谈好坏。懂得欣赏别人之艺，是一种享受。懂得艺术之要，是一种智慧。故，博采百家艺，析赏各自经。慧眼识珍珠，巧手绘精谱。

其二，精修毕生艺，传授独到功。精修毕生艺，主要是指毕生从事手艺的人们。如，石匠、木匠、砌匠、厨师、医师、书法家、艺术家、摄影家。这些人中，有的是半路出家，有的是毕生为业，个个身怀绝技，否则，他们也不会以此为生。既然如此，就要将自己的毕生技艺、独到功底，精心总结出完整系统的艺术学科，或者技术专论。同时，使人读得懂，学得好，传得下。更重要的是具有市场性、效益性和欣赏性。如，齐白石的绘画艺术、董其昌的书法艺术、王永民的王码艺术、张小龙的微信之路、刘主权的虾稻连作技术等。他们都是业界的泰斗或专利人。他们的作品能久传于世，广泛应用，与他们善于总结、提升、推广、传授分不开。当然，还有许多普通的能工巧匠、名人名星，都各有其传艺之法，都值得肯定与借鉴。故，精修毕生艺，传授独到功。既留青山在，更植满山松。

其三，创新传统艺，扩大应用圈。无论是什么工艺和艺术，都需要随着时代的进步而创新。比如雕刻艺术，不仅图案设计有创新，雕刻工艺也由从前单纯的手工雕刻，变为机器智能雕刻，并且效果比以前好。还有厨艺，除食材精选巧配之外，还有烹饪艺术，也从以前的单纯火功变为气、火、冻等多种方法。传统工艺要在扬弃中继承，在继承中发展。只有这样，才能有市场。所有的工艺和艺术都是在市场中发展，在发展中扩大应用的。因此，我们不论是析赏别人的工艺，还是传授自己的手艺，都要有创新发展的意识。在这种意识下，总结一切，提升一切。做到这样，就会推陈出新，就会继往开来，就会不断丰富和发展社会所需、市场青睐的各种工艺和艺术。故，创新传统艺，扩大应用圈。艺由用所生，艺由新而旺。

　　总之，老牛奋蹄为己乐。乐在总结自己和时代的发展进步，乐在提升自己和他人的科研成果，乐在发挥自己的特长和技能。从而，为历史添光彩，为未来作贡献，为自己增乐趣。故，老牛奋蹄自爬坡，不懈努力心里乐。若将使命拉山顶，不在夕阳有几多？亦，人老自知时不多，修身精艺旨在乐。若将拙艺送高端，岂在夕阳长或短！然，天晴地艳人求乐，金夫银妇渡雀河。献技献爱倾心作，但求人间万象和。

第八章
论余热暖亲为家乐

　　一个人老了，退休后大概分为这几种状况。一是身体健康，有一定的特长发挥，收入可观，子女已成家立业，孙辈也健康成长。二是身体亚健康，没有什么独到的专长发挥，收入一般，子女生活负担很重，孙辈抚养困难。三是身体不健康，收入很少，子女负担也重，孙辈抚养艰难。当然，还有其他的情况。无论自己属于哪种情况，我们都要有一个积极的态度，用自己的余热尽量为家庭建设、家庭成员的幸福做些力所能及的事情。即使是作不了贡献，做不了事情，尽量减少家庭成员的负担和麻烦也是一种贡献。在这里，我要论述的重点是第一或第二种情况，即健康或亚健康情况下，如何用余热暖亲？

所谓余热暖亲，就是用余生的热情和力量去做一些温暖家人的事情。具体来说，主要有以下几种方式。一是用自己的德智去影响后辈的健康成长，但不要左右孩子们的发展方向。二是帮后人带带孩子，但不是全包全揽。三是帮助家庭成员解决一些思想上的困惑、生活上的困难、身体上的痛苦。四是有特长、有专长、有事业的人，做好对家庭继承人的传帮带。五是营造良好的家风家德，使家庭成员在社会上赢得良好的口碑。一句话，就是自己的所作所为，要使家庭成员感到温暖，感到亲切，使家庭和睦，兴旺发达。当然，如果自己的身体状况不好，就不要操这么多心了。养好自己的病，不拖累他人就是对家人的最大体贴和关爱。故，余生虽有千般好，家庭祥和最重要。富贵贫穷均相依，尊老爱幼乐滔滔。如何实现？其法有三。

第二十二论　传授德智利其后，营造良风以兴家

德智是老人身上应具备的宝贵品质。德高可以旺家，智深可以济世。当然，不同阅历的老人都有不同

的德智，不同的家庭也有不同的后人。我们要传授的"德"必须是正能量的，我们要传授的"智"必是有含金量的。被传的人也必须是正派之人，有造之人。传授德智的目的是以利后人健康成长，顺利发展，有所作为。如何传授德智本书前有所论，在此不再赘述。

一个家庭的兴旺，后人的发展固然重要，但最重要的是家风的纯洁、朴实、诚信、友善、和顺、上进、阳光。纯洁，就是不要让家庭成员染上恶习，洁身自好；朴实，就是家庭成员生活要低调，脚踏实地；诚信，就是家庭成员之间相处或与外人相交要诚实，笃言守信；友善，就是家庭成员或朋友之间要亲近和睦，友好相处；和顺，就是家庭成员长幼有序，敬老爱幼；上进，就是家庭成员都能积极向上，不断进步；阳光，就是家庭成员都很乐观，直面世界。当然，不同的家庭，有着不同的家风家训。如，精忠报国，坚毅好学，贵贱不移等。良好的家风，可以团结家人、鼓舞家人、激励家人踔厉奋发，也可警醒家人、约束家人、管理家人正派做人。家风是家庭之宝，家风是兴家之要。作为老人，能带头营造良好的家风，模范践行良好的家风，严格监督良好的家风，既是本人之责，也是兴家之乐。故，传德授智利其后，营造良风以兴家。人老虽非金句言，诲聪子孙乐心间。如何去做，其法如下。

其一，弘德树人，鼓励后人敬贤行善。老人弘德的根本目的就是树人。树人是家庭老者的重要责任或者义务。至于德是什么？在第六章已有阐述。这里要论述的重点是，老人弘德除了自己保持晚节以外，用德影响子孙，教育后人是重点，关键是鼓励后人敬贤行善。后人敬贤，才能有动力向上向善。只有自我向上向善，才能成为时代的佼佼者，成为时代的栋梁之材。北宋吕蒙正是宰相兼太子傅。当时的太子狂妄自大，不受管束，吕蒙正就写了一则《寒窑赋》送给他。太子读后大受所教，痛改前非，虚心好学，严格束己，后成北宋的皇帝，即宋真宗。这篇《寒窑赋》也被民间的许多老人用以教育子女。当然，最重要的是许多老人以自己的美德去影响后人。所以，德的力量无穷，德的影响无限。故，老人传德胜似金，帮助后人树进心。百年过后人虽非，子贤孙善承己瑰。

其二，授智强能，激励后人创优争先。老人身经百战而不败，饱受沧桑志不衰；酸甜苦辣尝个遍，形形色色在心间。这些既是老人的阅历，也是老人的智慧，更是老人的能力所在。这些智慧和能力，有些是表面的，有些是内在的，有些是表里结合的。如，有的老人善谋划，对任何事情都考虑得十分周全；有的老人善技能，做任何事情都搞得很漂亮；有的老人善作善教，既会自己做，又会教别人做。人老了，退休了，将智慧和能力外传的条件和机会很少，但适时适度传给自己的后人是十分必要的。正如，将门出虎子，名师出高徒，秘方多祖传，真言多嫡喻。老人所传之智一定是正能量的，有利后人走正道的东西。如，老科学家传给后人的研究方法；老实业家传给后人的营销策略；老农民传给后人的种养殖技术等。后人们学到或掌握前辈的智慧和技能，增强了自己的能力，从而在激烈的竞争中，智勇双全，创优争先，兴家报国。故，智深能强缘自积，后辈学长少费力。听君一席肺腑话，胜读十年表面书。

其三，良风润家，帮助家人各圆其梦。家庭良风有多方面，一般而言，就是纯洁、朴实、诚信、友善、和顺、上进、阳光。这种良风，既有和内的要素，也有亲外的要素，更有乐观奋进的要素。用这种良风沐浴家人，用这种良风润泽家人，用这种良风促进家人，使其都有远大的志向，都有良好的情商，都有美好的梦想。家庭成员有了梦想，就要靠奋斗去实现。在奋斗过程中会遇到许多意想不到的问题和困难。这时，作为家庭长者，就要善于观察，准确预判，合理协调，相互帮助，使每个家庭成员的问题和困难都能得到解决。只有这样，家庭成员才会各圆其梦，整个家庭才会兴旺发达。故，良风润家泽其人，和内亲外各善行。老者营风全家沐，晚辈努力美梦成。

第二十三论　培育孙辈享其乐，多做家务以健身

培育孙辈虽不是老人的重要责任，但尽力而为亦有其乐。倘若子女有困难，需要老人帮忙带带孩子，送其上学，教其练字，辅其画画，答其所问，扶其所需等。这些既是老人的义务，也是老人的存在感，亦是老人的快乐之处，即天伦之乐！当然，做这些事情的前提是老人自己的身体健康，有能力、有条件这样做。当身体不佳时就不要勉强去做，否则，会适得其反，给子女增加不必要的麻烦。

老人若有能力，除了帮助子女带带孩子之外，还

应多做些力所能及的家务。如，买买菜，做做饭，洗洗碗，拖拖地，擦擦桌，扫扫尘等。当然，做家务要讲究科学，不要一下子做得太多太累，要将其当作一个休闲活动来做，有空就动，觉累就停，有险不碰，要将做家务当作健身活动，尽量不要做过重过猛的事情。

在这一论，我们要讨论两个具体问题，一是人老了，究竟是帮子女带孩子好，还是不帮子女带孩子好？二是人老了，究竟是多做家务好，还是不做家务好？针对这两个问题，社会上有许多不同的看法。关于第一个问题，有人认为，人老了，时日不多了，自己舒舒服服地过，该玩的玩，该吃的吃，该乐的乐，不要为子女带孩子，一代管一代，他们的孩子让其自己带或请人带。本人认为这种观点有些不妥。人老了，自己首先过好是可以，但当子女需要老人们帮忙时不能袖手旁观，应尽力而为。同时，带带孙子们也可以拉近与小孩子的感情，使其对自己有亲近感，在这个过程中也使自己有所寄托，有所快乐。当然，不能大包大揽，把培育孩子的活全部承担下来，这样，可能不利于孩子们的成长，因为隔代培养总会有些差异的。

关于第二个问题，有人认为，人老了，体力差了，不要做家务，不要怕花钱，请个保姆干活就行了。本人认为这种观点亦有不妥。人老了，少干活可以，但不能不干活，否则，脑子会迟钝，手脚会没劲，身子会发胖，体能会下降。勤干活，干轻活，既可打发时间，也可锻炼身体，还会增强生活乐趣，同时，也可以节省开支，以作他用。当然，仁者见仁，智者见智，不论哪种想法，只要家庭和谐，身体舒适，各有所乐，乐得其所即可！故，培育孙辈享其乐，多做家务以健身。晚年精力虽有限，宠孙务家喜开怀。如何去做，其法如下。

其一，照看婴幼，保其安全成长。现在家里若有婴儿出生，家庭条件好的可以请月嫂或保姆照料，条件不好的只有自己照料了。一般而言，婴儿满月后，其父母都去上班务工或务农，没有时间和精力照看婴儿，这个时候作为家里的老人帮助照看下婴儿十分必要。一是自己照顾放心、方便。二是可减轻子女请人照看孩子的负担。孩子一岁以后，要学说话，要学走路，要学吃东西，要学穿衣服，要学记数字等。作为爷爷奶奶若能亲自照料，亲自教学实乃幸事。孩子可能会经常生病，有爷爷奶奶的照料可能更放心安全。孩子要这里爬爬，那里走走，有爷爷奶奶牵着可能更稳当。上学前，孩子可能会参加一些兴趣培育班，学前儿艺班，有爷爷奶奶陪着可能更快乐。俗话说"家有一老，如获一宝"。子女有老人照看小孩可以放心工作。孙辈有老人照看更加快乐。老人有孙辈带更加幸福。整个家庭因有老人而更加美满。故，人到晚年乐其多，最大莫过护孙卓。牙牙学语奶告知，蹒跚学步爷牵引。

其二，辅导学童，答其好奇所问。家有学童，其乐无穷。小孩初入校门，一切都觉新鲜，一切都感好奇，一切都想闹明白。在学校，老师教的知识他要学明白。在路上，孩子看见什么都要问明白。回家后，孩子的奇想怪问都想闹明白。当你闷闷不乐，孩子的一个怪问，可能马上叫你笑得合不拢嘴。当你正为某事生气，孩子的一个童话，可能叫你的怨气烟消云散。当你不想吃喝，孩子给的一颗瓜子，可能叫你津津有味。作为爷爷，帮孙子解答一个问题，孙子说"爷爷好棒"，岂不乐哉！作为奶奶，给孙子讲一个故事，孙子说"谢谢奶奶"，岂不美哉！作为老人，牵着孩子去上学，望着孩子的背影，接着孩子回到家，看到孩子的笑容，岂不快哉！孩子是家中之乐，孩子是生活所望。同时，辅导孩子，陪伴孩子，监护孩子，既是老人之责，亦是老人之乐。故，学童百事都想问，爷奶所告皆觉新。人字为何简而精？男女支撑破天行！

其三，勤做家务，使其房清人爽。前面讲过老人做家务的具体内容，当然根据每个家庭的不同，可以各选其需。这里要强调的是做家务的科学方法和目的。老人做家务突出的是一个"勤"字，也就是尽量做到不间断，不能三天打鱼两天晒网。比如，买菜、做饭、洗碗，只要没有特殊情况，就要坚持每天做。再如，打扫家庭卫生，每天能做一次更好，如若不能至少每周要做一次。还有个人卫生也要坚持每天搞好，因为每个人的卫生都是家庭卫生的一部分。老人做家务的科学方法是"适量"，每周有计划，每天有活动，但可以根据时间和体力合理调整。原则是累了不做，有危险不做。老人做家务的最大目的是一个"乐"字，同时，也能促进身体锻炼。故，人老务家贵在勤，干多干少须随心。倘若三餐能厨理，房清人爽日子馨。

第二十四论　帮助亲人解其困，抚伤祛病以尽心

　　人生中，每个人在不同时期都有不同的困难。小孩子有学习上的困难，青年有立志创业的困难，中年有工作和生活上的多重困难，老年有身体疾病的困难，还有一个共同的困难就是感情上的困惑。每个人的困难程度不同，小困难可以自己解决，大困难则需要家人的帮助。作为老人，帮助家人解决困难，大都是帮忙找原因、出主意、寻措施、解难题。当然，经济条件许可资助一下更好。家中容易出现的困难或困惑，老人均可尽力帮忙化解。如，小孩厌学，要开导其好学；子女们的工作失秩，要帮忙走上正轨；家庭成员的感情不顺，要帮其调和等。老人帮助家人解决困难，要因人而异，因事而为，不能颐指气使，不能包办代替，要使困难者自树信心，自解其套。

　　当家里有人病了，老人们应主动关心。问问病情，找找医生，送水喂药，熬汤送饭，只要病人急需的，自己能做的，尽量帮忙去做，使其尽快痊愈。这里需要强调的是，有人认为，人老了，对后人的三病两痛没有必要嘘寒问暖，对患重病的人，给点钱即可，让

其请人照料。但本人认为，在条件允许的情况下，既能给点钱，又能帮帮忙，还能说说话，做到这样是最好的。当自己病了，不能动了，家庭其他成员就会主动来帮助自己，温暖自己。还因为，人老了，自己的身体肯定没年轻人健壮，需要别人关心的地方更多。所以，帮别人解难去病，也是给自己留后路，以便得到家人更多更好地关怀。故，帮助亲人解其困，抚伤祛病以尽心。倘若自己困或病，定有他人来关心。其理如下。

其一，老若帮解后人困，后人必有好前程。作为一个老人，如果有志愿，有能力，帮助后人解决一些重大困难，必然会为后人的发展创造良好的条件，使其有更好的前程。这是因为，后人的困难如果单靠后人自己去解决，他可能要摸索好长时间才知道困难的原因，再去想法克服困难又要耽误好长时间，这样就失去了许多的优势，增加了阻力，影响了事业的发展。如果老人能及时发现后人的困因，并及时指出使其觉醒，如果老人能给些合理化的建议，使其科学应对困难，如果老人有能力给予适当援助，使其尽快摆脱困难，那后人的发展肯定会顺利得多。当然，老人帮助后人摆脱困难，并不是直接去给后人消除困难，只是指点、建议，援助，直接解决困难的人还是后人自身，否则，就会使其懒惰、软弱、无为，结果害了后人。故，老若帮解后人困，后人必有好前程。老若包揽后人困，必毁后人好人生。

其二，老若帮解后人惑，后人肯定很出色。一个人，不论在学习、工作、生活上，总会不时出现一些困惑。有些困惑自己可以想明白，有些困惑自己始终难以想明白。如，自己不比别人差，为什么干啥都不如人？我对她真心相待，她为什么却对我冷若冰霜？这个人"明知是鹿，非说是马"，这个人是不是傻？针对这些问题，有阅历的老人可能有些独到的看法。比如，你什么都不差，却干不成事，说明你没有掌握好干事的规律和方法，没有把握好干事的火候与时机，没有弄清干事的环境和对手，所以难以成事，应急补之。再如，你对她真心相待，她却对你冷若冰霜，那是你没有打动她的地方，或才不出众，或德不配位，或钱太少，应将己提之，或将她弃之。还如，有人指鹿为马，其实这人不傻，他是在讨好某个人，或者回避某些难题。工作生活中的一些困惑，皆因洞察不明，悟性不深而致。遇惑时，多换角度看，向深处看，向远处看，向老人问，向友人问，向知情人问，一切困惑将会迎刃而解，一切局面将会打开，一切事情都会出色。故，老若帮解后人惑，后人肯定很出色。世间万惑皆有解，洞悉原因全破开。

其三，老若帮祛后人病，乌鸦反哺惠己身。每个人都难免三病两痛。老人在自己健康之时，若能多帮助家人，特别是后人祛病疗伤，是积德积福的事情。小乌鸦尚且知道反哺老乌鸦，何况人呢？现实生活中有一种现象，老人生病，后人无视，问其缘由，后人说自己从小生病没有得到老人的照料，所以不管。这种说法，虽属不肖，但也折射出一定的社会现象。当然，具体事情要具体分析，倘若老人当时有重要事情要做不能照顾孩子，或远离其身而无条件照顾孩子则情有可原。若无特殊情况，又不照顾病孩，那就是无情无爱。当老人自己病了，再怨孩子们不照顾自己可能理不直气不壮。这个教训告诉老人们，趁身体还好，多做些善事，多关心下家人，这是既为家人好，也为自己好的事情。应多多而为之，细心而为之。诚然，当老人自己身体也不健康时，那就另当别论了，以己康为首要。故，老若帮祛后人病，乌鸦反哺惠己身。滴水之情涌泉报，救命之恩更得心。

总之，余热暖亲为家乐，有传授德智之乐，有培育孙辈之乐，有帮亲解困之乐，还有更多之乐！老人的余热洒在家中，老人的快乐生在家中，老人的价值显在家中！谁说老人享清闲？谁说老人应靠边？谁说老人不值钱？故，老人余热洒在家，辅子育孙乐开花。解困释惑家焕貌，气和心顺笑开颜。亦，良风徐徐润家旺，子孙款款馨他乡。女儿理财为民忙，男儿建国挑栋梁。然，人不在高低，有为则乐；家不在富贵，有情则亲。山不在大小，有绿则青；水不在深阔，无染生金。

第九章
论锦上添花为社乐

　　一个人老了，不仅是要为己乐，为家乐，为社区（包括乡村，下同）、为社会锦上添花也是一种乐事。我们每个人都是社会的一员，尤其是社区的一分子，倘若每个人都能为社区锦上添花，那社区就是一个大家的乐园了。社区是具有某种互动关系的和共同文化维系的，在一定领域内相互关联的人群形成的共同体及其活动区域。社区具有一定的人口、地域、设施、文化、组织，以及不同的社会活动。社区里的每个人，不论在哪个单位就职，也不论官大官小、贫穷富贵，都是社区的普通一员。社区的建设为大家，社区的建设靠大家。社区有组织，但属管理和服务型的，社区的每项建设都要靠其中的人员共同努力。如，社区组织、社区服务、社区卫生、社区治安、社区文化、社区环境等方面的建设，都需要社区成员的参与和配合。社区里有许多的活动，如，文体活动，包括各类文化活动、各类体育活动、各类艺术活动、各类分享活动、各类学习活动等；公益活动，包括帮助维护社会治安、搞好环境卫生、宣传党和国家的政策等；献爱心活动，包括救助孤寡老人、帮助失智失能儿童、救济重病大病特困人员等。无论是社区的建设，还是社区的活动，作为一个老人，若有能力尽量参加、参与很有必要。一是可以了解社区，增强对社区工作和建设的理解，提些合理化的建议。二是有利增进社区成员之间的感情，使之相互信任，相互帮助。三是有利于个人特长的发挥，增强自己的荣誉感和快乐度。老人们积极参与社区的建设和活动，能有效推动社区的各项建设，为社区增添光彩。如，社区的组织建设，老人们占的比重大，影响亦大；社区的治安管理，老人们有经验、责任心强；社区的文体活动，老人们有时间、有兴趣。故，社区关联千万家，不同人家视一家。老人为其作贡献，犹如家家锦添花。如何去做，其法有三。

第二十五论　建言献策促建设，社区美好吾亦乐

社区是社会的基础，每个社区的建设搞好了，整个社会自然就好了。同时，社区的建设也是要靠每一个成员共同努力的。社区的建设涉及方方面面，在建设的过程中如果能得到社区居民的普遍关注和合理化建议，那就会把社区建设得更美好，更让大家满意。所以，关心社区建设，并能适时建言献策，作为老者，实为乐事！

时下有一种现象，部分社区的人大都不相往来，进门就关门，出门就锁门，对门对户住几年不知道姓甚名谁。社区的公共建设，一些人漠不关心，建什么、怎么建、建得好坏都不闻不问，等建完了，却又提意见，说这不好，那不对，甚至骂骂咧咧。造成这种现象的原因有两点。一是社区的负责人在相关建设中不够民主，事前没有广泛征求所在居民的意见。二是社区的居民不热心，对社区的建设不尽心，不建议。要改变这种现象，除了社区负责人改进工作作风，倾听

居民意见之外，社区的居民，特别是老年居民增强对社区建设的责任与热心也很重要。一些有专长、有能力的人就更应该积极建言献策。如，社区的组织建设如何与居民所在单位的组织建设良性对接？社区的服务如何多元化，特别是如何适老化？社区的卫生如何无臭化？社区的治安如何周密化？社区的文化如何多样化？社区的环境如何标致化？针对这些建设问题，我们若能提出一些合理化的建议，不论社区负责人是否采纳，尽心了就是值得称赞的，若被采纳了并获得居民的好评，那就更是一件乐事。故，社区建设头绪多，众人施策效果卓。吾能为其献一计，万花园中乐呵呵！如何去做？重点如下。

其一，将社区的平安放心上，发现漏洞及时提醒。社区的建设涉及诸多方面，其中平安建设尤为重要。如，社区的安全设施是否完善？社区的防火、防水、防诈措施是否到位？社区的黄赌毒现象是否有效控制？社区的民众纠纷是否得到有效化解等。社区居民，尤其是老人，若能将上述问题时刻放在心上，悉心细致观察，作出准确合理判断，及时提醒有关单位和人员，尽早尽快加以整改，将事故消灭在萌芽状态，是值得称赞，也是值得每个人去效仿。时下，有些人都对社区的隐患毫无警惕，发现问题绕着走，有的甚至还不断制造安全隐患，当别人指出时不接受、不改正，等问题出了还怪别人不帮忙消灾。如，社区的停车场，其实就是一个"地雷场"，如果有一台车因安全问题引起火灾，就会造成全场车辆爆炸，造成不可估量的损失。如果每个人都把自己的车辆管理好，也监督别人的车辆使其不出问题，那就是一大贡献。故，社区平安关千家，人人有责守护它。防微杜渐乃为上，消灭苗头免祸殃。

其二，将社区的环卫放眼中，发现问题及时指出。一个社区是否得到所有居民的普遍热爱，与社区的环境卫生好坏十分有关。社区的环境卫生良好表现在：社区整体布局合理，环卫设施齐全，环卫队伍服务规范；社区居民素质较高，能自觉搞好家庭卫生，主动维护社区卫生，勇于同破坏公共卫生的现象说"不"；开展例行检查，每周巡检一次，每月大检一次，对各种破坏楼宇卫生、小区环境卫生、社区公共卫生的行为，进行通报批评，促其整改。在上述事项中，社区的每个人，既是责任者、建设者，也是享受者。所以，社区的每个人，特别是老年人，对搞好社区的环境卫生都要时刻放在眼中，及时发现问题，大胆指出问题，促其解决问题。如，垃圾处理问题，有的人高空抛物，有的人不科学分类，有的人随处乱丢，还有的人为捡废品，将垃圾箱翻个底朝天，也不将垃圾放回垃圾桶，使之臭气熏天，惨不忍睹。当遇到这些现象，正确的做法，一劝说，二制止，三对屡教不改者，建议有关部门处理。其目的就是保持共同家园的美丽。故，社区环卫靠大家，相互监督不邋遢。风清气正社区亮，居民个个好模样。

其三，将社区的和谐放在首位，发现矛盾及时化解。每个社区居住着不同年龄、不同性别、不同职业、不同文化程度、不同家庭状况的居民。在日常生活中出现一些不和谐的现象比较普遍。如，上下左右邻居之间、楼栋与楼栋之间的居民经常因某些事情引起矛盾；广场或马路与其旁边楼栋的居民，商区与住宅区之间的居民也经常因噪声干扰引起矛盾；社区的物业部门与社区业主也经常因服务质量和服务价格问题引起矛盾；社区的管理人员与社区的居民更因要管理与不服管理引起矛盾等。这些矛盾，有些是单一的矛盾，有些是群体的矛盾。不论哪种矛盾，如果不及时化解，对整个社区的和谐都是不利的。因此，及时化解各种矛盾十分重要。首先，我们必须面对各种矛盾，不隐瞒、不回避矛盾，以防激化矛盾。其次，我们必须用科学的方法去化解矛盾。如，邻里之间有隔阂，尽量双方直接沟通，以防他人利用激化矛盾；楼栋之间有争议，应尽快溯其源，以正本清源；物业与业主之间有分歧，应尽快寻求一致，以妥善解决；管理者与被管理者之间有矛盾，应尽快找其原因，以合理解决。作为老年人，若能及时发现这些矛盾，尽力帮忙化解这些矛盾难能可贵。故，社区矛盾千万对，及时化解很可贵。安宁祥和到处美，秩序井然人增辉。

第二十六论　积极参与搞活动，社区活跃吾更乐

社区的活动有多种多样，无论是文娱活动、分享活动、公益活动、献爱心活动，还是政策法规学习活动、好人好事宣传活动等，这些活动各有其影响力，各有其目的，参加活动的人各有其收获。积极参加社区活动，既能活跃社区的氛围，增强居民的团结合作意识，更能增加每个居民的个人快乐。很多人在社区

的活动中，相互切磋技艺，相互配合活动，相互成全对方，从此结下了深厚的友谊。有的人在活动中，体验了生活的乐趣，克服了消极的情绪，树立了生活的信心。有的人在活动中，锻炼了身体，增强了体质，治愈了伤病。还有的人在活动中，结识了知己，产生了感情，结为了连理。总之，多参加社区的各种活动，会从中获得更多的快乐与幸福。

　　然而，现实生活中，却有些人不愿参加社区的活动，以各种理由能推尽推。大概有三种情况。一是性格孤僻，不合群。二是技不出众，不愿献丑。三是心有余悸，怕见人，怕露面。针对这些现象，社区活动的组织者要对所开展的活动多加正面宣传，以引导大家参加。同时，作为有种种顾虑的人，应该放弃不必要的担心。社区的活动，重在参与，不在于名次的先后，只要参与了就是胜利者，就是快乐者。再之，对于心有余悸的人而言，可能参加一次社区活动，会克服一次不足，会赢得一次胜利，更会赢得别人的尊敬，没有必要瞻前顾后，怕这怕那，久而久之，就会改变自己。当一个社区的活动多了，参与的人多了，社区的面貌自然就变了，变得有生气，变得有活力，变得五彩缤纷，变得鸟语花香，变得人声鼎沸，变得歌声似海，呈现出一派欢乐的景象。故，身居在何地，参与何地乐。倾下一丝情，活跃一片心。如何去做，其法如下。

其一，发挥自身优势，文娱活动乐显身手。在社区活动中，文娱活动是最多的，也是参加的人最广泛的。因为文娱活动的种类多，活动的场地也有大有小，大到一个球场、一个广场，小到一张桌子、一支笔。文娱活动绝大多数的人都能参加，如弹一支曲、唱一支歌、跳一场舞、走一局棋、写一幅字、作一首诗、画一张画、拍一张照、打一场球、登一次山、游一次泳、跑一次步、比一次赛、讲一堂课等活动，每个人起码会七八个活动的技巧，参加起来不费力。这里的关键是要热爱这些活动、积极参与这些活动。在活动中显身手，在活动中找快乐，在活动中传友谊。作为老人，唱一首怀旧的老歌，可以引起许多人的共鸣；作一首动情的诗，可以感染不少人的思绪；写一幅老到的书法，可以获得无数人的称赞；画一张心中的画，可以赢得不少人的夸奖；搞一次学术演讲，可以吸引不少的粉丝。参加这些活动，既活跃了社区生活，也精神了自己，可谓一举多得。故，文娱活动项目多，择其优势尽情乐。抒发心中丰富情，展现身上独到功。

其二，增强责任意识，公益活动乐献爱心。社区的公益活动有多种，如，扶贫解困、文化宣教、植树造林、社区建设等。公益活动的核心要义体现在"义务"二字上，即做什么都是自愿的、不求回报的。但从社区整体而言，就是"我为人人，人人为我"。也就是说，我在为人人做义务活动，同时，人人也在为我做义务活动。其实，说是做义务，也不是做义务，而是以自己做"义务"而体现，以享受别人所做的"义务"而收获。既然如此，我们在为别人献爱心的同时，也在为自己做好事。如，自己无偿献血，当自己或亲人需要血液时，也可以得到别人的无偿献血。参加公益活动，绝大多数是自愿的，在这个过程中关键的问题就是自我责任意识，即，认为对某项公益活动有责任，非参加不可！如果每个人都有这种意识，都能主动参加各种公益活动，整个社区就会爱意满满，其乐融融。每个人，尤其是老年人，洒爱他人，也会受人所爱，更会荫及后人。故，公益活动多献爱，人到需时爱自来。昔日种树今得果，此时栽花他日乐。

　　其三，培养时尚兴趣，分享活动乐出新招。时尚是指在一定时期内社会上或一个群体中普遍流行的并为大多数人所效仿的生活方式或行为模式。时尚既体现在物质生活方面（如衣、食、住、行）。也反映在精神生活方面（如文化、娱乐、活动）。时尚会带给人轻松愉快的心情和不同的感受，更能体现一个人的生活品味和追求。时尚是健康生活，乐观心态的统一，是一个时代真善美的结合。时尚不是奢华，而是节俭简约的一种特质。同时，时尚不是标新立异，而是随和大众的一种体现。一个人，特别是老年人是否时尚，取决于所在的环境和个人的兴趣。而兴趣的形成最重要的是培养。如，人老了，去上老年大学是一种时尚，不上大学，自学一门新知识亦是时尚；学做美食、学做时装、学唱新歌也是一种时尚；移风易俗、从俭倡廉、勤学实做更是一种时尚。时尚是群体性的，因而，当一个人有某种时尚行为就应该主动分享给大家，以期众乐。时尚没有定式，是不断创新的。一个人若能出奇招创新一种时尚，更是一种快乐。故，时代滚滚向前，时尚不断变化。跟上时尚是享受，创新时尚更快乐。

第二十七论　遵纪守规当典范，社区文明共同乐

在社区生活，除了遵守党纪国法之外，还要模范遵守所在社区的规章制度。如，社区的自治制度、管理制度、安全制度、应急处理制度，还有居民公约等。现实生活中，每个人遵守党纪国法容易做到，因为这些都是硬性的、刚性的、强制的，既有自律的作用，更有他律的作用。而社区的各种规章制度和居民公约，其约束力则远低于党纪国法，且也没有专门的执行或监督机构及人员，主要靠居民自律。正因为这样，更显得一个人，特别是老年人的觉悟。如，自觉遵守社区的自治制度，履行公民的权利和义务，对法律规定的选举等活动积极到会认真投票；自觉遵守社区的管理制度，不搞特殊，不搞变通，更不能违反；对居民公约认真履约，不能只约束别人，不约束自己，更不能弄虚作假。

遵守社区的各项规章制度有诸多的好处：可以有利保护自己的生命财产；可以有效保护自己的权利与义务；可以树立个人的良好形象、提高人格魄力；可以提高社区的文明程度和管理效率；可以改善社区居

民的生活质量和生活水平。反之，就可能给社区管理
和居民生活造成混乱；就可能给他人或个人的生命和
财产造成危险；就可能给个人的形象带来不良影响。
所以，模范遵守社区的各项规章制度和居民公约，既
能给他人带来安全和欢乐，更能给自己带来安全和快
乐。他人安，自己安，社区安，以安为要！与人乐，
与己乐，共同乐，何乐而不为！故，人在社区居，不
能搞特殊。模范守各规，莫惹人说非。如何做到，其
法如下。

其一，认真学习社区规约，准确领会精神实质。
每个人要想模范遵守社区的各项规章制度和公约，即
规约，就必须首先学习这些规约，准确领会其精神实
质，切勿一知半解，否则，在遵循中就会挂一漏万，
越轨走样。在社区经常会碰到一些人，尤其是一些老
年人，他们对社区的规约视而不见，更不谈遵守，且
时而违之。当有人批评或阻止时，第一个理由就是
"我没学，不知道，不为错"，自己给自己找台阶下。
这种行为若是小事，马虎过去无碍，若违大事则损失
惨重。所以，善于学习社区规约十分重要。学习的方
法有多种：可以到社区的学习场所学习；可以在社区

的网站或公众号上学习；可以在社区相关人员的"朋友圈"里学习；还可以将各种规约的单行本带在身边随时学习。学习规约的目的，是以利准确理解，模范遵循。故，学习规约以利循，字字句句记在心。时刻不忘触红线，稳稳当当向前行。

其二，自觉遵守社区规约，勿以细小而违之。遵守社区规约，重在细微之处不马虎；贵在持之以恒不懈怠，且勿以细小而违之。如，无故不参加社区的法定会议或有关活动；随意破坏社区的环境卫生；随意踩摘社区的花草；放纵自己的娱乐行为，影响他人安宁；习惯说长道短，抹黑中伤他人；乱堆乱放杂物，影响他人通行；乱改乱建私宅，造成事故隐患；散养散放宠物，影响他人安全；违规大功率用电，造成整楼断电；出门忘关水管，淹没他家财产等。这些虽是细小之事，但久而多次违之，也可能造成重大事故和损失。所以，遵守社区规约，就是要从小事做起，从点滴做起，从每个人做起，只有这样，才能保证大事安全、整体安全、社区安全。故，社区规约小而细，件件不能当儿戏。高楼万丈平地起，丝毫隐患可崩析。

其三，相互监督循规履约，勿以事小而不为。作为社区的老年人，除了自己认真学习社区规约，模范遵守社区规约，最难能可贵的是监督他人也能遵循社区规约。这是因为，每个社区人的素质是参差不齐的，总有一些人不太那么自觉，或者无意识地做出一些不利的事情来。这就需要有人提醒，有人进行帮助，对重大的问题还要敢于制止。反之，自己做得再好，也无济于事。犹如"你在护堤，他在破堤"一样，你不劝他停下破坏之手，总有一天堤会毁掉。所以，当我们发现一些违反社区规约，破坏社区安全的行为就要毫不犹豫地进行劝止。只有大家相互监督，相互提醒，才能保证整体安全。提醒可能是一句话，可能是一个纸条，可能是一条短信，就可能减少很多麻烦，挽回很大损失，营造很好局面。故，社区安好靠大家，相互提醒乃可佳。千家共筑美好梦，万人齐享盛世华。

总之，锦上添花为社乐，有建言献策之乐，有参与活动之乐，有争当典范之乐，还有共享社区美好之乐、活跃之乐、文明之乐。故，乐己乐家乐社区，添锦添花添光彩！人兴业旺家园亮，心想事成奔前方。

亦，老吾老以及人之老，幼吾幼以及人之幼。男欢女爱夫妻睦，四季平安万户宁。然，社区昌隆社会新，家庭兴旺老者欣！心宽身安体康健，鹤发松姿贵在今！

结束语

　　本人才疏学浅，阅历有限，无所大成。一晃就老了，当我写完《智慧人生论》，仿佛又年轻了许多。此书的写作中，使我进一步明白了许多道理，理清了许多问题，感慨了许多事情，实乃是一个再学习，再认识，再提高的过程。

　　人生，其实就是人的生存和生活的过程。在这个过程中，不同的人有不同的经历和感受。而同一个人，在不同的阶段也有不同的处境，以及相应的生存和生活方式。这种不同的生存和生活方式造就了每个人不同的本领和智慧。这一本领和智慧由初级到成熟，再由成熟到升华，是一个循序渐进的上升过程。本书展现给大家的是：青年奋斗术，即初级本事；中年制胜策，即成熟本领；老年安康论，即升华智慧。《智慧人生论》反映的是一个人一生完整的奋斗和生活方略，虽不够经典，但有可读之处，更有感悟之要。本人的重点感悟是；人生如水，奔流不息、滋润万物、普济众生；人生如歌，跌宕起伏、着意和谐、尽善尽美；人生如画，白起彩毕、浓淡相宜、赏心悦目。

水，生命的本源，质朴纯净，平淡自然。它将点点滴滴汇成涓涓细流，潇潇洒洒奔向江河。它时而从容不迫，时而波涛汹涌，无论前途如何艰难险阻，都义无反顾地勇往直前，毫不犹豫地献身大海，以济苍生。人，何尝不是如此！从呱呱坠地，到婴幼儿时期，再从少儿时期到青年时期、中年时期、老年时期，在人生的历程中一天也没有停留过，不论前面是金光大道，还是崇山峻岭，都按照各自的目标勇往直前。水，滋润大地细无声，养育万物而不争。人世间许多平民百姓，亦是如此。水，自然平淡，却神奇无比：它可在酷寒中傲立，在沸腾中欢跳；它可柔弱胜刚强，滴水穿坚石；它无为而无不为，无畏而敢作为。古往今来，许多英雄豪杰，不也是如此。水，能包容天下，拥纳四海，普济众生：你高我便退出，绝不淹没你的优点；你低我便涌来，绝不暴露你的缺陷；你动我便随行，绝不撇下你的孤单；你静我便长守，绝不打扰你的安宁；你热我便沸腾，绝不耽误你的热情；你冷我便凝固，绝不漠视你的寒冷；你富有，我陪你君临天下；你贫困，我陪你东山再起。这是什么？这是水的大爱。上善若水，古今中外，凡是有为之士，上善之人，何不如此！

歌，是能唱的文辞，有音节的曲调。它是体现自己，感染他人的艺术，也是赞颂他人，提升自己的艺术。歌，有一个共同的特点，那就是不论长短，不分类型，不分场合，它始终是完整的：有开头，有段落，有章节，有结尾；有思想，有内涵，有意义；有高潮，有低谷，有舒缓；有直白，有抒情，有激荡。而我们的人生，又何尝不是这样？大人物是这样，小百姓是这样；富豪是这样，穷人也是这样；男人是这样，女人亦是这样。歌，对人最大的启迪就是着意和谐，相互映衬：词赋曲，曲抒词；声配乐，乐助声；歌咏景，景衬歌；人唱歌，歌悦人。人生在世，能如歌这种姿态，何愁不成？何愁不贵？何愁不富？歌，最大的优势是灵活多样，雅俗共赏，尽善尽美：它，可清唱，可伴奏；可独唱，可合唱；可男女单声唱，可男女二重唱；可在室内唱，可在室外唱。它，可以在高兴的时候唱，也可以在忧愁的时候唱；它，可以在出征前唱，也可在凯旋时唱；它，可为收获而唱，也可为希望而唱。歌的这种品质，这种优势，成就了不少的能人志士，唤醒了无数的沉睡百姓。同时，多少人的成才经历不是如歌一样的写照！

画，是人的艺术思维品，是人对美好向往的展现，也是人对大千世界的抽象。画，是艺术家们，从一张白纸开始，从愿景构思、线条勾勒、着色显影到提款用印、精装锦裱，一笔一画，匠心独运的杰作。这过程中的艰辛，画中的韵意，所含的价值，只有画家知道，抑或鉴赏家们明白。人生如画，有三重含义。其一，做人如作画：白起彩毕，风韵凸现。做人如画画一样，要使自己有所作为，成为杰出人才，就要从白纸起步开始，有理想，有规划，有学识，有本领，有恒心，有耐心，有匠心，有措施，才能把事情做好，把事业做大，把自己做强。其二，看人如赏画：浓淡相宜，各有其美。一幅素描画，简单数笔，就能勾勒出人或景物的神态，亦可表达其思想、概念、态度、感情、幻想、象征，甚至抽象形式，具有单纯粗犷之美。一幅工笔画，千雕万凿，工整、细腻、严谨，给人一种艳丽、沉着、明快、高雅的感觉。一幅山水画，气韵十足，情趣盎然，清新典雅，意境深幽，使人如临其境，既有宁静的轻松，又有志远的畅想。一言以蔽之：画有千万种，浓淡总相宜；人有百千万，各有各耐看。事实亦如此：农民有农民的美，工人有工人的美，士兵有士兵的美；明星有明星的美，科学家有科学家的美；实业家有实业家的美；英雄有英雄的美，豪杰有豪杰的美，伟人有伟人的美。其三，景画互相映：美景入画，画存美景。美人入画来，壮景入画来，盛世入画来；喜鹊入画来，喜事入画来，喜物入画来；历史入画来，时代入画来，未来入画来。画，展现了一切美好的东西，同时，画，也珍藏了一切宝贵的东西。《昭君出塞图》把两千多年前的西汉美女王昭君深明大义、民族亲和的形象和美誉，珍藏至今，传颂永远，实属"人美入画，画颂千年"之经典。《清明上河图》，把八百多年前的北宋都城（汴梁，今河南开封市）的繁荣景象描绘得活灵活现，是史料之珍，无价之宝。如今，中国人民解放军军营里的"十大挂象"（张思德、董存瑞、黄继光、邱少云、雷锋、苏宁、李向群、杨业功、林俊德、张超），他们是解放军中不同时期的英雄，人虽已死，其精神永存，永远活在人们的心中，并鼓舞和激励着无数的人们英勇奋战，建功立业，彪炳千秋！故，人美入画来，景好嵌画中。春去花还在，时变神犹存。现实生活中，李白的诗，杜甫的词，每天都有小孩学，大人用；田汉作词、聂耳作曲的《中华人民共和国国歌》（义勇军进行曲），每天都在中国或全球，有人唱，有人奏；每个行业的始祖、学界的泰斗，他们的话无时不在人们的耳边回响；每个家庭前辈的教诲和遗志，无处不在激励后人前行！人生如画，人画相互成全。人高才大，景观新颖，成全了画，使之有名有价；名画价高，千古流传，成全了人，使之有声有色。现实生活中，人因强大而成全事业，事业宏盛又成全了人。此乃壮哉！此乃教也！

朋友们！我们的人生都如水，如歌，如画！但我们的人生又都超过水，胜过歌，美过画！当你读完《智慧人生论》，你定会，水映青山，歌载美梦，画显宏愿！也定会，少年强，中年胜，老年康！

后　记

　　本人闲暇之余，写了一些有关人生奋斗、制胜和安康的小文章，在朋友们的鼓励下汇集成册，取名《智慧人生论》，现由中国言实出版社正式出版，以期与大家共勉！

　　本书的出版得到了许多领导、专家和朋友们的大力支持。中国新闻出版传媒集团党委书记、董事长，中国新闻出版广电报社社长马国仓先生为本书作序，对本书进行了充分肯定，使之增色甚多！中国言实出版社社长冯文礼先生对本书的出版给予了很大的支持。此外，本书引用了一些学者和朋友的观点或词句。本书初稿形成后分别征求了一些朋友的指导意见，使本书的观点、逻辑和语言更加精准。在此，谨向以上所有关心、支持和帮助本书出版的领导、专家和朋友表示衷心的感谢！

由于本人水平有限，书中如有不妥之处，敬请广大读者朋友批评指正！

2023 年春，于武汉